U0606206

中国薏苡属分类及种质资源图鉴

The Taxonomy and
Illustrated Germplasm
Resources of Job's Tears
(*Coix* L.) in China

李祥栋　陆秀娟　潘　虹／主编

中国农业出版社
北　京

图书在版编目（CIP）数据

中国薏苡属分类及种质资源图鉴 / 李祥栋，陆秀娟，潘虹主编 . -- 北京：中国农业出版社，2023.10
ISBN 978-7-109-31269-2

Ⅰ . ①中… Ⅱ . ①李… ②陆… ③潘… Ⅲ . ①薏苡—品种分类—中国②薏苡—种质资源—中国 Ⅳ . ① S519.02

中国国家版本馆 CIP 数据核字 (2023) 第 201819 号

ZHONGGUO YIYISHU FENLEI JI ZHONGZHI ZIYUAN TUJIAN

中国农业出版社出版
地址：北京市朝阳区麦子店街18号楼
邮编：100125
责任编辑：孟令洋　郭　科
版式设计：刘亚宁　　　责任校对：吴丽婷　　　责任印制：王　宏
印刷：北京通州皇家印刷厂
版次：2023 年 10 月第 1 版
印次：2023 年 10 月北京第 1 次印刷
发行：新华书店北京发行所
开本：787mm×1092mm　1/16
印张：22.75
字数：568 千字
定价：300.00 元

版权所有·侵权必究
凡购买本社图书，如有印装质量问题，我社负责调换。
服务电话：010－59195115　010－59194918

编著委员会

主编	李祥栋　陆秀娟　潘　虹
副主编	覃初贤　周美亮　石　明
编者	（按姓氏笔画排序）
	石　明　李祥栋　陆　平　陆秀娟　周美亮
	高　捷　高爱农　覃初贤　潘　虹　魏心元
编著者单位	黔西南州农业林业科学研究院
	中国农业科学院作物科学研究所
	广西壮族自治区农业科学院
	贵州省农业农村厅种业管理处

前言

薏苡是禾本科薏苡属（*Coix* L.）一年生或多年生草本植物，其根、茎、叶均可入药，是"药食同源"作物之典型代表，是最早被驯化的粮食作物之一。薏苡不但营养价值高，而且含有重要的生理滋养成分，自古被列为上品，常被用作中医药和食疗养生的重要配伍。截至目前，薏苡生产国主要有中国、老挝、越南、韩国、日本、印度等，而中国是种植面积和生产规模最大的国家。中国薏苡的种植生产主要集中在贵州、云南、广西、福建、浙江、台湾等省和自治区，并已发展成为国内具有明显区域性特色的杂粮作物。

植物种质资源是在漫长的历史进程中，由自然演化和人工创造而形成的重要自然资源，包括栽培种、野生种、野生和半野生近缘种以及人工创制的新种质材料等。而特异的种质资源可以改变作物的栽培历史，决定育种之成败，突破性种质资源的发现和利用往往也是新的品种革命的开端。薏苡属是禾本科黍亚科的一个植物分类学属，是与多裔草属、类蜀黍属、玉蜀黍属、摩擦禾属平行的近缘属，世界范围内约有 10 个种（变种），中国发现 7 个种（变种）。中国薏苡属资源多样性丰富、分布广泛，1985—1995 年间的资源普查结果显示，除了青海、宁夏未发现外，从海南至黑龙江均有薏苡属种质资源的分布。在此期间，国内学者针对薏苡种质资源的保护、形态描述鉴定和分类等基础层面的研究也做出了大量努力，为目前薏苡产业发展提供了宝贵的基础支撑。薏苡区域性分布强，在生产上，长期以来一直作为药食兼用的保健农产品，在不同地区逐渐形成了区域性的发展格局，扮演着地方性的特色作物角色并作为主要粮食作物的重要补充。

薏苡属种质资源是该物种的基础基因库，也是薏苡品种遗传改良和产业发展的基础。目前，基于不同地区的品种资源禀赋，在我国不同地区形成了重要的薏苡品牌产品，如贵州省兴仁市的"兴仁薏仁米"、福建省浦城县的"福建浦城薏米"等。遗憾的是，由于薏苡生产区域性强、科学界和大众对此作物的关注度也相对较低，对薏苡品种资源特性也缺少系统化的研究整理。基于此，本书以薏苡属种质资源为主线，选取了我国20个省（自治区）的156份种质资源，在植物学分类上涵盖了中国薏苡属资源的7个种(变种)，包括了野生资源、地方品种、选育品种、品系、遗传材料等资源类型，然后根据《薏苡种质资源描述规范和数据标准》进行测试和描述，最终以图鉴的形式系统介绍来自不同地区和不同类型种质资源的特征，旨在有效提升大众对薏苡这一作物的科学认知和了解，也为薏苡品种的创新利用提供参考。

编著者

目录
Contents

中国薏苡属
分类及种质
资源图鉴

The Taxonomy and
Illustrated Germplasm
Resources of Job's Tears
(*Coix* L.) in China

第一章
薏苡产业发展现状

中国薏苡属
分类及种质
资源图鉴

The Taxonomy and
Illustrated Germplasm
Resources of Job's Tears
(*Coix* L.) in China

薏苡是中国最早被驯化的作物之一，栽培历史悠久，自古被列为上品。据甲骨文形态披露，薏苡文化贯穿夏商时代，在中国出现的时间可能更早。周代《诗经·周南》中有劳动人民采摘薏苡的记述。《史记·夏本纪》第二卷注："父鲧妻修己，见流星贯昴，梦接意感，又吞神珠薏苡，胸坼而生禹。"汉代王充的《论衡·卷三·奇怪篇》也说"禹母吞薏苡而生禹"，说明汉代时食用薏苡已非常普遍。《后汉书·马援列传》记载："援在交阯，常饵薏苡实，用能轻身省欲，以胜瘴气。"薏苡作为一种典型的"药（医）食同源"作物，曾广泛分布于中国汾渭流域，在中国农作物栽培史上扮演过重要角色，它对先民的生产、生活及意识形态等都产生了深刻的影响（赵晓明，2000）。目前薏苡生产国家主要有中国、老挝、越南、韩国、日本、印度等，而中国是种植面积和生产规模最大的国家。

一、中国薏苡产业布局

薏苡作为药食兼用作物，在很长的一段历史时期内基本处于野生或半野生状态，长期以来都是农民少量种植、自产自销，生产规模随市场的销势而起伏变动。中国薏苡产业历经"十二五"和"十三五"近10年的探索和开拓，逐渐发展成为极具区域特色的经济作物产业，贵州、广西、云南、四川、浙江、福建、台湾等省（自治区）在原料生产、新产品（新工艺）开发等方面也取得了长足的发展，对当地的区域经济社会发展起到了举足轻重的作用。随着"十四五"开局，薏苡产业发展面临由传统农业向现代农业转型，由注重规模数量向注重质量效益转变。据不完全统计，2014—2018 年，中国薏苡种植面积由 53 860 hm² 发展到 99 515 hm²（表1-1）；2019—2021 年，中国薏苡种植面积基本维持在 65 000 ～ 80 000 hm²。虽然种植面积有较大发展，但产量仍不能满足国内需求，每年从老挝、越南等国家调入并加工生产薏仁米 3 万～ 4 万 t。从种植面积和产量来看，贵州作为中国薏苡的传统主产区，因其独特的气候条件和生态优势，孕育着丰富的薏米资源，已有近百年的栽培历史，现已成为全国及周边国家最大的薏米加工集聚区和产品集散地，种植面积、产量均居全国第一，生产量占全国的 2/3。

表1-1 2014—2018年中国薏苡种植面积及产量

地区	面积（hm²）					产量（万t）				
	2014年	2015年	2016年	2017年	2018年	2014年	2015年	2016年	2017年	2018年
贵州	28 000	43 533	51 000	53 333	66 667	13.80	18.28	22.95	24.0	30.0
云南	13 000	14 600	19 300	20 000	20 000	4.10	4.82	6.08	6.3	6.3
广西	3 850	5 120	4 400	4 400	4 400	1.36	1.92	1.75	1.75	1.75
福建	4 000	3 600	4 350	4 350	4 350	1.57	1.24	1.63	1.63	1.63
浙江	1 150	1 310	1 260	1 260	1 260	0.33	0.39	0.38	0.38	0.38
湖南	900	1 150	0	0	0	0.24	0.28	0	0	0
台湾	2 200	2 200	2 200	2 200	2 200	0.495	0.53	0.47	0.47	0.47
辽宁	760	525	638	638	638	0.17	0.13	0.15	0.15	0.15
合计	53 860	72 038	83 148	86 181	99 515	22.065	27.59	33.41	34.68	40.68

资料来源：2018 年《中国薏仁米产业发展报告》。

二、薏苡种植技术及生产情况

随着包衣技术和精量播种技术的应用推广，新品种应用面积将进一步扩大。标准化（规范化）生产在薏苡主产区逐步成为主流，绿色、有机栽培技术备受重视，绿色防控技术已覆盖主产区面积的 80% 以上，随着山地小型农机的应用，目前在播种和收获两个环节，机械应用比例有了较大幅度的提高。另外，由于中国西南地区土地破碎，适合机械化或半机械化的品种颇有局限，近年来也逐渐发展了薏苡间作技术（薏苡—大豆间作、薏苡—薤头间作），薏苡膜侧栽培技术，水—旱轮作技术；此外，还发展了基于种子包衣的黑穗病防控技术，有效提高了薏苡的规范化种植水平、土地利用效率和病虫害防控水平。

中国薏苡在 2014 年之前种植面积相当有限，2014—2018 年是薏苡种植面积和加工生产能力高速发展的时期。贵州省是最大的贡献者，稳居全国第一，其他省份基本上维持稳定水平。就目前国内的薏苡种植和生产布局来看，贵州作为一个以喀斯特山区地貌为主的主产省份，受可耕作土地的限制，截至 2018 年薏苡种植面积基本上已经到了稳定发展期，随着"十四五"时期高质量发展和山地特色高效农业发展理念的实践，薏苡产业发展也开始由传统型农业向农业现代化的高质量发展方向转型。

三、市场消费情况

（一）薏（苡）米消费情况

中国不仅是薏苡种植大国，也是薏苡消费大国。随着对薏苡养生、保健及药用价值认知的不断深入，国内外市场仍有很大的需求。现在每年产量仅 30 万 t 左右，生产与消费之间的矛盾十分突出，每年需要大量从东南亚国家进口。薏仁作为绿色健康食品的需求量进一步增加，同时薏仁还广泛用于医药、保健、美容、食品和饮料等多个行业，需求量进一步增大。

（二）薏苡加工转化

薏苡不仅营养价值高，还含有保健滋养成分，自古以来一直用于药用方剂和食疗，因此产品的加工和转化也是沿着药用和食用两条主线进行。传统的食用方法主要有煮粥、炊饭、制作糕粑等，也被用作煲汤的基材及制作汤圆和煎茶。近年来，因为消费者需求的多样化及薏苡产业的迅速发展，其产品也呈现出丰富、多元与多样性的产业形态。现今，市场上薏苡加工产品大致可分为三大类型。第一类是常规食品，是以薏仁或米粉为基础的相对初级加工形态，主要包括薏仁（带皮薏仁和精制薏仁），与红豆、芡实、红枣、茯苓等搭配而成的冲调食品（红豆薏仁粉、薏仁芡实粉、薏仁红枣粉、

中国薏苡属分类及
种质资源图鉴   The Taxonomy and Illustrated Germplasm Resources of
Job's Tears (*Coix* L.) in China   4

薏仁茯苓粉等）以及蒸煮食品、膨化饮料、酒等产品（薏仁面条、薏仁烤麸、薏仁豆沙粑、薏仁爆米花、薏仁沙琪玛、薏仁饼干、薏仁桃酥、薏仁茶、薏仁酒等）。第二类为薏苡功能性产品，是以薏苡的提取物为基础加工而成，主要包括薏仁精油、薏仁面膜、薏仁化妆水、薏仁洁面皂等。第三类为药品，药品主要包含 2 个部分，一部分是以传统中药炮制方法制成的中成药及处方药，如炮制薏苡仁、炮制薏仁根；另一部分则是以提取的薏苡功能成分为基础研制成的临床用药，如注射用薏苡仁油、薏仁口服液、薏仁胶囊等。

四、市场需求、产业发展情况

目前薏仁米的消费已经在全国铺开，主要消费地区为广东、华东、东北、北京、华中，并出口至韩国、日本及欧洲、美国等国家或地区。目前，薏苡产业多级多功能市场不断提升和形成，薏苡（薏米）的消费人群和市场尚有巨大的市场潜力。目前，兴仁薏仁价格上涨至 15 000 元 /t，东南亚薏仁 8 000 元 /t，加工副产物薏仁碎米 7 500 元 /t。从产业布局和国内产量来看，近几年贵州是薏苡产业最主要的贡献者，已成为中国最大的产区和加工集散地，从生产至加工的产业链已经比较系统和完备。但是受限于自然环境、可耕作土地面积等，今后的种植面积和产量也将趋于平稳。因此，随着市场容量的不断扩大，今后国内薏仁及相关产品可能会供不应求。这也是薏苡产业由粗放型生产向精深加工、高值化产品开发和加速品牌化建设的重要契机。

五、薏苡产业高质量发展方向

1. 做好薏苡种质资源普查、保护和评价工作，打造种业基础"芯片"

与水稻、小麦和玉米等大宗作物不同，在相当长的一段时间内，薏苡主要是散在式、区域性栽培，而且很少进行遗传改良，大部分沦为野生或半野生状态。中国是薏苡的重要起源或传播中心。薏苡在中国分布广泛。但是，目前薏苡种质资源的普查、收集和保护现状不容乐观。第一，种质资源的保存基数不足；第二，种质资源的评价和挖掘力度不够，基础研究薄弱，与大宗作物相比，在育种层面尚有 1 ～ 2 代的代差。因此，在推进薏苡生产过程中，要着力做好薏苡种质资源（地方种、野生近缘种）的系统普查和保护工作，稳步推进薏苡种质资源的创新利用，为打好薏苡种业翻身仗筑牢基础。

2. 持续推进薏苡品种选育、规范良种生产

在育种目标上，要实现药用、粮用、饲用等多元化发展。针对不同的产品需求开发高油、糯性、高蛋白等专用加工品种将是今后品种选育的重要方向。在育种技术上，将传统育种方法与现代生物育种方法相结合，推进薏苡育种水平提升；并且发展壮大科研队伍，创新育种技术。在政策上，建议将薏苡列入主要农作物审定（登记或认定）品种，使新品种的审（认）定管理规范化。另外，在种子生产方面，应建立薏苡专用的良种繁育基地，组织薏苡种子的规范化生产；同时应推进薏苡品种 DUS 鉴定和种子质量标准（出苗率、纯度、净度、含水量）体系的建立，规范种子市场，推广高产优质良种。

3. 加强薏苡轻简化种植生产技术和绿色防控技术应用

目前由于城镇化战略的推进，农村劳动人口锐减，农业生产主要以老年人或妇女为主，薏苡种植生产的劳动成本也不断升高。因此，今后发展适应山地特色的轻简化生产模式（机械化或半机械化种植和收获、病虫害和杂草绿色防控技术）是必然要求。另外，现今虽然在局部地区可以实现播种和收获环节的机械化，但是播种环节容易缺窝、漏窝，收获环节损失严重，机械化生产水平仍需深度优化和改进。由于目前薏苡生产上使用的品种基本上都是由地方资源经提纯复壮和系统选育而来，往往存在遗传多样性狭窄、品种同质化程度高等问题，加上主产区常年连作，因此极易造成黑穗病的大发生。再者，自 2019 年草地贪夜蛾入侵，黏虫取食，薏苡也是重要受害作物之一，特别是西南地区（其区域性的低热河谷气候为其越冬繁衍提供了温床），应注重提前预警和预防。

4. 强化薏苡生产的标准化水平建设，建立健全质量溯源体系，促进产业提质增效

薏苡相关标准的制定和实施应该走在产业的最前沿，这样才能引领和规范我国薏苡产业的可持续发展。目前，薏苡在产量、品质、抗性等方面的评价鲜有报道且缺乏统一的标准，薏苡在品质检测、种植规范、种子生产加工、采收加工、储藏运输等方面的标准化建设依然不健全。因此，应加强薏苡种质、种植、加工等技术体系的标准化建设，有效规范薏苡的生产加工、种子生产等；应建立有效的薏苡产品的质量溯源体系，采集记录产品生产、流通、消费等环节的信息，实现来源可查、去向可追、责任可究，强化全过程质量安全管理和风险控制，有力保证薏苡产品质量，推进薏苡产业健康发展；应加强薏仁原料、半成品、副产物及加工产品的"酸败"防控技术，薏仁有害重金属污染和"霉变"毒素残留防控技术，高附加值产品开发和副产物（糠、碎米和根茎等）循环利用技术研究及应用。

5. 加强精深加工工艺研发和副产物利用

设备和技术是薏苡产业发展的引擎，对于小宗作物薏苡来说，产品是产业发展的基础。要加大产品开发力度，促进薏苡深加工，同时要注意大众化食品和精深加工产品齐头并进，多元化发展，研发新的产品加工工艺与技术。在具有丰富产品类型和活跃市场的基础上，引进新型设备，依靠技术带动，发展薏苡精深加工，开发生产高附加值的产品，实现产业链延伸。研究薏苡粕、薏苡秸秆等

综合利用技术和产品开发，最终实现薏苡产业综合效益提升。

6. 注重薏苡的中药学和现代药理学研究，深入发掘其养生和药用价值

基于薏苡"药食同源"的属性，薏苡作为中药在养生保健和疾病治疗方面发挥着重要的作用。在中国漫长的中医药发展过程中形成了诸多经典中医药配方，对诸多疾病均有显著疗效，也是留给世人的宝贵遗产。但是，长期以来由于对中医药理认知不足，对诸多典籍配方鲜有系统的发掘与利用，这些中医药配方在保健品和药品开发利用上未能充分发挥潜力。因此，在功能性产品和药品研发方面，当以药理学为改善和发展的基础。首先，以现代科学研究方法，客观评估薏苡中复方、方剂的临床疗效及毒性，以印证药典记载之真实性，达到去芜存菁的目的；其次，从薏苡中纯化具有药理或生理活性的新成分，以开发新食品或新药品；再次，利用现代食品科技，生产制造保持有疗效成分的薏苡食疗产品以造福世人。

中国薏苡属
分类及种质
资源图鉴

The Taxonomy and
Illustrated Germplasm
Resources of Job's Tears
(*Coix* L.) in China

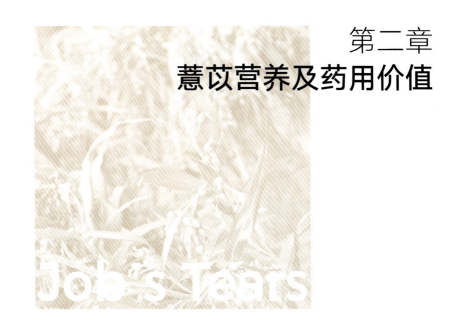

第二章
薏苡营养及药用价值

中国薏苡属
分类及种质
资源图鉴

The Taxonomy and
Illustrated Germplasm
Resources of Job's Tears
(*Coix* L.) in China

一、薏苡的主要营养组分

薏苡有"禾本科作物之王"之称，一方面是指其营养价值；另一方面是指其药用价值。在营养组分方面，薏苡中淀粉、脂肪、蛋白质、氨基酸、维生素、矿质元素等含量的检测表明了其丰富而独特的营养组成。

1. 淀粉

淀粉是薏仁中含量最高的营养组分。不同研究报道的汇总结果显示，薏仁淀粉含量占总组分的43.39% ～ 75.51%，并且在不同产地、品种之间存在差异。将薏仁与大米进行比较，发现其淀粉含量较低，热量相对较低。此外，薏仁也有粳、糯之分，糯性薏仁基本没有或含很少的直链淀粉，李祥栋等（2018）在86份薏苡种质资源中检测到35份糯性资源，其支链淀粉含量≥98%。

2. 脂肪和脂肪酸

薏仁脂肪含量为4.02% ～ 9.13%，并在不同材料之间差异较大。薏仁脂肪中含有众多不饱和脂肪酸和人体必需的脂肪酸，也是薏仁药用滋养成分的主要来源，如含有硬脂酸、棕榈酸等多种饱和脂肪酸和油酸、亚油酸、亚麻酸、花生烯酸等多种不饱和脂肪酸。余爱国等（1991）分析显示，薏仁油脂中所含人类营养最重要的必需脂肪酸亚油酸高达45.85%；黄亨履等（1995）检测发现贵州薏苡和川谷的不饱和脂肪酸含量丰富，其油酸、亚油酸、亚麻酸三者占脂肪总量的86.31%，比玉米平均含量高出4个百分点。李祥栋等(2018)研究发现86份薏苡种质脂肪含量为6.32% ～ 9.13%，≥8%的薏苡种质有34份。

3. 蛋白质和氨基酸

从结果分析来看，薏仁的蛋白质含量高，仅次于淀粉，且氨基酸含量也高。其蛋白质含量为 14.02% ～ 23.52%，总氨基酸含量为 14.02% ～ 20.67%。薏仁氨基酸组分齐全，并富含 8 种人体必需氨基酸及其他非必需氨基酸，但是赖氨酸是第一限制性氨基酸。

4. 维生素

薏仁中含有维生素 A、B 族维生素、维生素 C、维生素 E 等多种维生素。其中以 B 族维生素和维生素 E 为主，且 B 族维生素中以维生素 B_3 含量最高。维生素 B_3 是维持良好血液循环、皮肤健康所必需的，作为抗（癫）糙皮病因子而起作用。维生素 E，又称生育酚，能促进性激素分泌，使男子精子活力和数量增加，使女子雌性激素浓度增高，提高生育能力，预防流产，还对烧伤、冻伤、毛细血管出血、更年期综合征等有较好的疗效。

5. 矿质元素

不同薏苡品种的薏仁含有较丰富的矿质元素，其中磷（P）、钾（K）、镁（Mg）、钙（Ca）等常量元素含量均较高。值得注意的是，薏苡的矿质元素积累往往与土壤环境有关，在富矿区、污染区等容易富集铅（Pb）、汞（Hg）、铬（Cr）、镉（Cd）、砷（As）等重金属或有毒元素。

二、薏苡的经典药理学

薏苡作为重要的中医药配伍，在诸多中医药典籍中均有记载。薏苡仁、叶、根均可入药，总结其主要中医功效表现如下：薏苡仁具有健胃脾、利湿、止痛、排脓、抗肿瘤、抗痉挛之功效，可治疗水肿、慢性胃肠溃疡、肺痿、赘疣、关节炎、疝气和子宫肿瘤等，可美化肌肤，可堕胎等；薏苡叶可以制茶，可暖胃、益气血；薏苡根则有健脾、镇静、镇痛、解热、杀虫之功效。

（一）味性

《本经》：味甘，微寒。

《别录》：无毒。

《食疗本草》：性平。

《本草正》：性甘味，气微凉。

（二）归经

1. 薏苡仁

《本草纲目》：阳明。

《雷公炮制药性解》：入肺、脾、肝、胃、大肠。

《本草新编》：入脾、肾二经。

2. 薏苡根

《滇南本草》：入脾、膀胱经。

（三）功能主治

1. 薏苡仁

《本经》：主筋急拘挛，不可屈伸，风湿痹，下气。

《别录》：除筋骨邪气不仁，利肠胃，消水肿，令人能食。

《药性论》：主肺痿肺气，吐脓血，咳嗽涕唾上气。煎服之破五溪毒肿。

《食疗本草》：去干湿脚气。

《本草拾遗》：温气，主消渴。杀蛔虫。

《医学入门》：主上气，心胸甲错。

《本草纲目》：健脾益胃，补肺清热，祛风胜湿。炊饭食，治冷气；煎饮，利小便热淋。

《国药的药理学》：治胃中积水。

《中国药用植物图鉴》：治肺水肿，湿性肋膜炎，排尿障碍，慢性肠胃病，慢性溃疡。

《中国药用植物志》：健脾渗湿、除弊止泻。用于水肿，脚气，小便淋漓不利，湿痹拘挛，脾虚泄泻，肺痈，肠痈，扁平疣。藏族用其果实治疗妇科疾病，如难产、胎衣不下、白带、子宫脱垂、经闭带浊等；侗族用其种子治疗肝硬化腹水。

2. 薏苡叶

《本草图经》：为饮香，益中空膈。

《琐碎录》：暑月煎饮，暖胃，益气血。

《中国药用植物志》：温中散寒，补益气血。用于胃寒疼痛，气血虚弱。

3. 薏苡根

《本经》：下三虫。

《补缺肘后方》：治卒心腹烦满，又胸胁痛欲死，剉薏苡根，浓煮取汁服。

《陶弘景集注》：小儿病蛔虫，取根煮汁糜食之。

《滇南本草》：利小便。治热淋疼痛，治尿血、溺血、淋血、玉茎疼。消水肿。

《本草蒙鉴》：治肺痈。

《本草纲目》：捣汁和酒服，治黄疸。

《草木便方》：能消积聚癥瘕，通利二便，行气血。治胸痞满，劳力内伤。

《分类草药性》：治鼠气。

《浙江民间草药》：治白带。

《中国药用植物志》：清热通淋，利湿杀虫。用于热淋，血淋，石淋，黄疸，水肿，白带过多，脚气，风湿痹痛，蛔虫病。

（四）宜忌

1. 薏苡仁

《本草经疏》：凡病大便燥，小水短少，因寒转筋，脾虚无湿者忌之。妊娠禁用。

《本草通玄》：下利虚而下陷者，非其宜也。

2. 薏苡根

《本草拾遗》：煎服堕胎。

三、薏苡的现代药理学

早期和近期的药理研究结果表明，薏仁具有解热、镇痛、镇静作用，对离体心脏、肠管、子宫有兴奋作用，其不同部位的提取物及部分化学成分具有抗肿瘤、抗炎、降血糖血钙、免疫调节、抑制胰蛋白酶以及诱发排卵等方面的药理活性。

1. 抗肿瘤活性

薏仁具有抑制癌细胞生长与增殖的作用，其水煎剂或醇提取物对实验动物的艾氏腹水癌、肉瘤 180 等多种肿瘤均有明显的抑制作用。薏仁油具有抗肿瘤活性早已被公认，近年来的研究表明，薏仁主要的化学活性成分薏仁酯、薏仁油等有很强的抗肿瘤作用。研究人员推测，薏仁抑制肿瘤的增殖及诱导肿瘤细胞的凋亡与其能在一定程度上干扰肿瘤细胞有丝分裂的进行、肿瘤新生血管的形成有一定的关系。康莱特注射液 (KLT) 是我国自行开发研制的中药二类抗肿瘤新药，它是从薏仁中提取天然有效抗癌活性物质——薏仁油，以先进制剂工艺研制而成的可供静、动脉直接大剂量输注

的新型脂肪乳剂。KLT 于 1997 年获得卫生部正式生产批文 [(97) 卫药准字 Z-108 号]。实验药理学研究证实 KLT 对体内外多种肿瘤细胞具有较强的杀伤和抑制效果，其抗肿瘤机制主要表现为：①阻滞细胞周期中 G2+M 时相细胞，减少进入 G0、G1 时相细胞，并导致 S 期细胞百分比下降，从而减少有丝分裂，抑制肿瘤细胞增殖；②诱导肿瘤细胞凋亡；③影响肿瘤细胞基因表达，下调促癌生长基因 bcl-2 表达，上调抑癌生长基因 P53 的表达；④显著抑制肿瘤新生血管生成；⑤抗恶病质和逆转肿瘤多药耐药（李大鹏等，2011）。KLT 现已作为一种较为理想的抗肿瘤药物广泛应用于肺癌、胃癌、肝癌、胰腺癌、鼻咽癌、肾癌等的治疗或辅助治疗。其具有抑制肿瘤生长、提高机体免疫功能、控制癌性积液、抑制血管生成、提供高能量营养等多种功效，而且没有明显的毒副作用。

除了上述薏苡脂类化合物具有抗肿瘤活性外，国内外学者经活性跟踪分离得到 6 个化合物均有抑制癌细胞增生和抗肿瘤活性（陈裕星等，2014），即 coixspirolactam A（薏苡螺环烃内酰胺 A）、coixspirolactam B（薏苡螺环烃内酰胺 B）、coixspirolactam C（薏苡螺环烃内酰胺 C）、coixlactam（薏苡内酰胺）、methyl dioxindole-3-acetate（二氧吲哚 -3- 醋酸甲酯）和6-methoxy-2-benzoxazolinone（薏苡素 , coixol）。

2. 增强免疫和抗过敏作用

薏苡对机体免疫功能具有较好的增强作用。研究显示，薏苡多糖可以调节免疫作用，薏苡壳和乙醇提取物可以缓解过敏反应和抑制细胞的变态反应。

3. 降血糖和降血脂作用

现代药理研究亦表明，薏仁有显著的降血糖和降血脂作用。

Takahashi 等（1986）从薏仁水提液中分离得到的聚糖薏苡烷 A、薏苡烷 B、薏苡烷 C 均有降血糖作用，对四氧嘧啶诱发糖尿病模型小鼠和正常小鼠都有作用。

徐梓辉等（2000, 2002）研究认为，薏仁多糖的作用机制可能是对糖代谢酶活性的调节作用以及对机体损伤的保护作用。

Yeh 等（2006）研究发现，用薏仁喂食的糖尿病 SD 大鼠，其血糖浓度、总胆固醇、三酰甘油水平显著降低，此外，低密度脂蛋白和极低密度脂蛋白含量显著降低。

Ha 等（2010）研究表明，薏仁乙醇提取物的乙酸乙酯萃取部分 (ECLJ) 可以增加单磷酸腺苷活化蛋白激酶（AMPK）的磷酸化水平，激活 AMPK 通路，调节葡萄糖和脂代谢，剂量依赖性地降低脂肪细胞分化，增加 T3-L1 细胞对葡萄糖的摄取，对治疗 2 型糖尿病和肥胖有重要意义。

4. 抗菌和抗炎症活性

有学者从薏苡黄化幼苗的甲醇提取物中分离得到了有抗菌活性的茚类化合物 3,5-dimethoxy-1H-inden-1-one，该化合物对细菌、酵母菌、真菌均有作用，是首次报道的从植物中分离出的对3 种不同菌均有抗性的成分。

Otsuka（1988）从薏苡根中分离得到的 benzoxanzinoid 类化合物具有抗炎活性，可以抑制刀豆蛋白 A 刺激及免疫蛋白 E(反应素) 致敏的小鼠肥大细胞的组胺释放。

张明发等（1998）认为薏仁缓解疼痛及炎症反应的有效成分为薏苡素 (coixol)。

薏苡谷壳乙醇提取物 (AHE) 对于脂多糖诱导的 RAW264.7 巨噬细胞炎症有抑制作用。AHE 经乙酸乙酯萃取后用硅胶柱色谱得到的某些部分可以抑制诱导型一氧化氮合酶（iNOS）和环氧化酶 2（COX-2）的表达，从而抑制脂多糖诱导的一氧化氮（NO）和前列腺素 E2（PGE2）形成，推测可能圣草素和神经酰胺是薏苡谷壳抗炎作用的有效成分。

5. DPPH 自由基清除活性

Lee 等（2008）发现薏苡谷壳的甲醇提取物有 DPPH 自由基清除能力，且在该生物活性的跟踪下经过分离纯化，在正丁醇萃取的部分得到 6 个化合物，这些化合物均显示出较强的抗氧化活性。

6. 促排卵和子宫收缩

薏仁对于女性（雌性动物）具有双重生理作用，在未妊娠状态下，薏仁的甾醇类物质、维生素 E 可以促进排卵，预防和治疗习惯性流产和不孕不育；但是，在妊娠状态下，食用薏仁会使子宫收缩加剧，不利于胎儿着床，造成流产或堕胎。

顾关云（1990）研究发现，薏仁的提取物可诱发金色仓鼠排卵，其促进排卵的活性物质是阿魏酰豆甾醇和阿魏酰菜籽甾醇。

Tzeng（2005）研究表明，薏仁水萃取物对怀孕大鼠有促进子宫收缩的作用，故孕期服用薏苡易引起流产。

7. 美容瘦身作用

现代研究证实薏仁富含蛋白质、维生素 B_1、维生素 B_2，常食可以保持人体皮肤光泽细腻，对消除粉刺、雀斑、老年斑、妊娠斑，防脱屑、皲裂、皮肤粗糙等都有良好的疗效。薏仁中的薏仁素、薏仁油、薏苡酯三萜化合物等成分还有降脂减肥的作用，对于肥胖女性的瘦身可起到一定辅助效果。

参考文献

陈裕星，张嘉伦，廖宜伦，等，2014. 不同品种及产地薏苡籽实之化学指纹图谱建立 [J]. 台中区农业改良场研究汇报，124: 1-16.

顾关云，1990. 薏苡仁的药理作用 [J]. 中成药，12(12): 38.

李大鹏，2001. 康莱特注射液抗癌作用机理研究进展 [J]. 中药新药与临床药理，12(2): 122-124.

李祥栋，潘虹，陆秀娟，2018. 薏苡种质的主要营养组分特征及综合评价 [J]. 中国农业科学，51(5): 835-842.

徐梓辉，周世文，黄林清，等，2002. 薏苡仁多糖对实验性 2 型糖尿病大鼠胰岛素抵抗的影响 ［J］. 中国糖尿病杂志，10(1): 42-46.

余爱国，张桂珍，佘世望，等，1991. 薏苡的营养成分分析 [J]. 南昌大学学报（理科版）(1): 23-26.

张明发，沈雅琴，朱自平，等，1998. 薏苡仁镇痛抗炎抗血栓形成作用的研究 [J]. 基层中药杂志，12(2): 36-38.

Ha D T, Nam Trung T, Bich Thu N, et al., 2010. Adlay seed extract(*Coix lachrymajobi* L.)decreased adipocyte differentiation and increased glucose uptake in 3T3-L1 cells[J]. Journal of Medicinal Food, 13(6): 1331-1339.

Lee M Y, Lin H Y, Cheng F, et al., 2008. Isolation and characterization of new lactam compounds that inhibit lung and colon cancer cells from adlay(*Coix lachrymajobi* L. var．*ma-yuen* Stapf.) bran[J]. Food and Chemical Toxicology, 46(6): 1933-1939.

Otsuka H, Hirai Y, Nagao T, et al., 1988. Antiinfiammatory activity activity of benzoxazinoids from roots of *Coix lachrymajobi* var. *ma-yuen*[J]. Journal of Natural Products,51(1): 74-79.

Takahashi M, Konno C, Hikino H，1986. Isolation and hypoglycemic activity of coixan A, B, C, glycans of *Coix lachrymajobi* var. *ma-yuen* seeds[J] . Planta Medica,52(1):64-65.

Tzeng H P, Chiang W C, Ueng T H,et al.,2005. The abortifacient effects from the seeds of *Coix lachryma-jobi* L. var. *ma-yuen* Stapf.[J].Journal of Toxicology and Environmental Health, Part A, 68: 1557-1565.

中国薏苡属
分类及种质
资源图鉴

The Taxonomy and
Illustrated Germplasm
Resources of Job's Tears
(*Coix* L.) in China

第三章
薏苡属种质资源分布与分类

中国薏苡属
分类及种质
资源图鉴

The Taxonomy and
Illustrated Germplasm
Resources of Job's Tears
(*Coix* L.) in China

一、薏苡种质资源起源、分布与收集

关于薏苡起源和分布，从世界范围内来看，印度、中国及东南亚（如泰国、马来西亚等国家）是薏苡的重要起源中心。目前，有关薏苡的起源和散播途径尚不清楚，但是从生物学特性来看，薏苡属于热带或亚热带沼生（水生）植物，因此，薏苡应该起源于热带或亚热带的沼泽地。从种质资源的分布状况来看，印度、中国和东南亚很可能是薏苡的初生中心或次生中心。印度基于薏苡野生种 *C. aquatica* Roxb. 和 *C. lacryma-jobi* L. 的发现，使薏苡被认为起源于印度和缅甸东北部的广阔山区地带；也有人（Venkateswarlu and Chaganti, 1993；Burkill,1953）指出薏苡起源于中南半岛；Vallaeys（1948）则认为马拉群岛应该是薏苡的起源中心。Hore and Rathi（2007）总结认为印度东北部是薏苡属遗传多样性中心，可能是通过雅利安人或蒙古人的入侵，经过喜马拉雅山脉东部散播至低海拔的亚热带地区。

薏苡在中国分布广泛，除了甘肃、青海、宁夏等地没有发现外，其余省份均发现了薏苡资源，而且变异类型丰富；其中，以中国西南（广西、云南、贵州等）资源最为丰富和多样。起初，中国学者认为中国西南部是薏苡属植物自起源中心向北迁移扩散的分化中心，而不是薏苡属植物的起源演化中心，因为当初发现的薏苡种质资源染色体倍型均为 2n=20，并未发现原始类群。直至 1996 年，陆平和左志明（1996）对广西西部山区薏苡属种质资源考察发现，该地存在大量原始的水生薏苡类群（2n=10），并以此认定广西西部山区也是薏苡属植物的起源演化中心之一。

中国薏苡属作物种质资源的系统化收集和保存起始于 1985—1995 年国家种质资源战略普查，并对薏苡的生物学形态、植物学分类和遗传学特性、地理分布特点等进行了相对完善的描述。据统计，当时国家种质库保存登记的薏苡种质有 284 份，其中产于广西的有 121 份，占 42.6%，贵州有 27 份，占 9.5%，安徽有 22 份，占 7.7%，江浙地区有 27 份，占 9.5%，其他地区共占 30.7%。在近 10 年时间里，随着第二、三次种质资源普查的纵深推进及科研单位在种质资源收集和品种选育等方面的努力，薏苡属种质资源也有所拓展。

二、薏苡属的植物学分类

薏苡属禾本科 Gramineae 薏苡属 *Coix* L. 一年或多年生草本植物，别名有薏米、药玉米、薏珠子、晚念珠、草珠珠、五谷子、六谷子、川谷、催生子等 30 余个，古籍中解蠡、芭实、赣米、回回米、西番蜀秫等，脱壳后的产品成为"薏（苡）仁米"。薏苡属与多裔草属、类蜀黍属、玉蜀黍属和摩擦禾属是平行的分类学属，因此薏苡是与玉米、摩擦禾亲缘关系较近的近缘物种。世界上的薏苡属约有 10 种（变种），中国约有 7 种（变种）；染色体数为 2n=2x=10、20、30、40 不等，大多数染色数目 2n=20。中国薏苡属的分类长期以来一直存在分歧，经历了"1 种 1 变种""3 种 4 变种""4 种 8 变种""4 种 9 变种""5 种 4 变种""2 种 4 变种"等不同分类系统的演变，1977 年出版的《中国植物志》统一将中国薏苡属定为"5 种 4 变种"，2006 年出版的英文版 *Flora of China* 将中国薏苡属划分为"2 种 4 变种"，比较之下，现今的薏苡属分类多沿用 1977 版《中国植物志》的"5 种 4 变种"分类系统，共分为 7 个种或变种（图 3-1 和图 3-2）。

1. 水生薏苡（种）*C. aquatica* Roxb.

多年生草本，野生型，总苞先端具喙或无，长 10~14 mm，宽约 7 mm。植株高 3~4 m，下部横卧地面，于节处生根；叶片被瘤基糙毛；雄小穗长约 1 cm。属于最原始类群，产于中国云南、广西等地。

图 3-1　水生薏苡（种）*C.aquatica* Roxb.

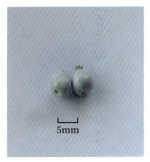

小珠薏苡
C. puellarum Balansa

窄果薏苡
C. stenocarpa Balansa

薏苡
C. lacryma-jobi var. *lacryma-jobi*

念珠薏苡
C. lacryma-jobi var.
maxima Makino

薏米
C. chinensis var.
chinensis Tod.

台湾薏苡
C. chinensis var. *formosana*(Ohwi)L. Liu

图 3-2　不同薏苡种（变种）的总苞特征

2. 小珠薏苡（种）*C. puellarum* Balansa

多年生草本，野生型，总苞先端具喙或无，长约 5 mm，宽 3~4 mm。植株高 0.5~1 m，直立而不倾卧地面；叶片无毛；雄小穗长约 5 mm。分布于中国云南、东南亚等地。

3. 薏米（种）*C. chinensis* Tod.

总苞甲壳质，质地较软而薄，表面具纵长条纹，揉搓和手指按压可破，灰白色、暗褐色或浅棕褐色，颖果饱满，淀粉丰富，总苞先端具颈状之喙，一侧具斜口，基部短收缩，基端之孔小。分为两个变种：①薏米（变种）*C. chinensis* var. *chinensis* Tod.，总苞椭圆形，长 8~10 mm，宽约 4 mm；②台湾薏苡（变种）*C. chinensis* var. *formosana*(Ohwi) L. Liu，总苞近球形，长 9~10 mm，宽 8~9 mm。栽培和生产中的薏仁均来自这两个变种类型。

4. 薏苡（种）*C. lacryma-jobi* L.

一年生草本，常栽培；植株高 1~2 m，总苞珐琅质，坚硬，平滑而有光泽，总苞顶端无喙，手按压不破；颖果不饱满，淀粉少。也分为两个变种：①薏苡（变种）*C. lacryma-jobi* var.

lacryma-jobi，总苞卵圆形，长 7~10 mm，宽 6~8 mm；② 念珠薏苡（变种）*C. lacryma-jobi* var. *maxima* Makino，总苞大，圆球形，直径约 10 mm。此 2 变种类型，均属于野生类群，基端孔大，易穿线成串，多用于工艺制作。

5. 窄果薏苡（种）*C. stenocarpa* Balansa

属于野生类群，总苞狭长，长圆筒形，长 11~13 mm，宽 2~3 mm。长宽比可达 3 倍以上，产于中国南部，常栽培供观赏。亚洲东南部常有分布。

三、薏苡种质资源类型划分

薏苡属种质资源形态多变、类型多样。按分布状态及总苞质地可分为野生和栽培类型，薏苡属中的水生薏苡 *C. aquatica*、小珠薏苡 *C. puellarum*、薏苡 *C. lacryma-jobi* var. *lacryma-jobi*、念珠薏苡 *C. lacryma-jobi* var. *maxima* 及窄果薏苡 *C. stenocarpa* 均是野生类型，薏米 *C. chinensis* var. *chinensis* 和台湾薏苡 *C. chinensis* var. *formosana* 则是栽培类型。

按实际用途来区分，则可划分为粒用、饲用和工艺用等类型。

目前应用最广泛的为栽培类型（或粒用类型），其总苞甲壳质地，壳薄、易碎、易脱壳，种仁淀粉等含量丰富，是目前最广泛的加工品种类型。饲用薏苡植株再生性强，茎叶用作青饲料或青贮饲料，如四川农业大学选育的饲用品种丰牧 88 和大黑山薏苡。但是，现阶段饲用薏苡应用具有一定局限，推广范围也较小。

工艺用类型往往来源于野生薏苡，即总苞珐琅质地、坚硬、平滑而有光泽类型，对于工艺类型薏苡与其他类型没有严格的划分界限，目前也没有专用的工艺用品种，一般都是就地取材和组合，穿线加工制作项链、手环及坐垫等使用。

四、薏苡遗传改良与品种利用

长期以来，育种工作主要集中在玉米、水稻等大作物上，而对薏苡几乎没有做什么遗传改良工作，也很少有农业科研单位作为课题研究，基本上退居为野生或半野生的药用植物。由于薏苡属于异花授粉作物，除了水生薏苡与其他种之间存在生殖隔离障碍外，其他种与变种之间均能进行基因交流，自然群体的群体杂合度较高，这也就为系统选育提供了大量的变异。目前，各主产区的栽培品种绝大多数是通过对当地种质资源进行选择提纯或引入外地资源进行引种栽培，通过系统选育的方法得到的。20世纪90年代末，广西壮族自治区农业科学院品种资源研究所和中国农业科学院品种资源研究所，曾经开展了部分薏苡地方品种筛选工作，山西农业大学在薏苡和川谷的远缘杂交方面也做了一些探索性研究。在筛选优异种质资源的基础上，通过单株选择、混系选择方法进行系统选育，依然是现在育种手段的主流。直至2006—2008年，薏苡开始第一轮国家区域试验。截至目前，国家区域试验已进行至第三轮（2015—2017年），有7个品种通过国家审定，分别为桂薏1号、中薏1号、富薏1号、黔薏苡1号、文薏2号、安薏1号和黔薏2号。除了上述新品种之外，尚有2个地理保护品种兴仁白壳薏苡和福建浦城薏苡。贵州、云南、浙江、福建等地亦开始进行了一些地方品种审定（登记）工作，如贵州省审品种黔薏苡3号、贵薏1号，云南省审品种师薏1号，浙江省审品种浙薏1号、浙薏2号，福建省审品种翠薏1号、龙薏1号和蒲薏6号等。此外，四川农业大学聚焦青贮饲草的选育方向，选育出了2个饲用薏苡大黑山薏苡和丰牧88，并通过新品种权保护。上述品种大多数是以当地的地方种经提纯复壮和系统选育而成，随着产品加工的要求，贵州省的多家科研院所和研究团队也开始从种质资源的品质评价入手，开展专用加工品种（糯性、高油脂等）的选育。

五、薏苡属作物育种构想与展望

薏苡是 C_4 高光效作物，理论上属高产作物，但实际生产中薏苡籽粒产量较低。近年来通过品种更新和栽培技术提升，平均单产有了一定程度的提高（由 2 250 ~ 3 000 kg/hm² 提高至 3 750 ~ 4 500 kg/hm²），然而由于种种原因，薏苡产量未能像玉米、水稻一样实现高产（≥ 12 750 kg/hm²）甚至超高产（≥ 15 000 kg/hm²）。长期以来，薏苡作为主要农作物（玉米、水稻、小麦等）的重要补充，多被用于传统医疗配方、保健食品等方面，与玉米、水稻等禾谷类作物相比，其育种水平尚有 1 ~ 2 代以上的差距，而育种水平的提升则是当前提高作物产量和质量的关键因素。在当前发展条件下，薏苡种质资源的挖掘利用、遗传基础的解析等基础学科的发展则成为传统育种水平提升的重要动力。李祥栋等（2022）为薏苡单产实现质的提升提供了思路，从薏苡属作物科学本源出发，提出了以下薏苡属作物遗传改良和品种选育方向（图3-3）。

1. 基于基因组学的薏苡遗传基础解析及育种应用

从薏苡的科学研究历程看，2019年是薏苡基础研究领域富有转折意义的一年，中国农业大学国家玉米改良中心和四川农业大学分别完成了栽培种和野生种薏苡核基因组测序和组装、绘制出薏苡栽培种和野生种的2个全基因组草图，并从基因组学角度探讨了薏苡的驯化过程（Liu et al., 2020; Guo et al., 2020）。一个物种基因组计划的完成，意味着这一物种学科和产业的新开端，这必然会引发薏苡育种及相关技术的变革和应用。因此，薏苡籽粒产量的进一步提升亦需通过新技术来引领一场绿色革命，最终回归到其遗传本源上。以基因组学为基础的分子标记开发及应用、QTL定位和

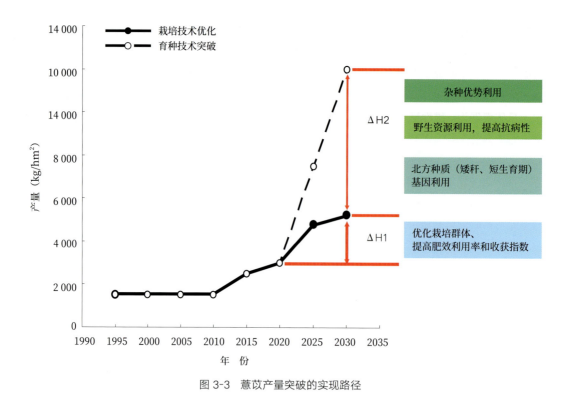

图 3-3　薏苡产量突破的实现路径

基因发掘等现代农业技术，如分子辅助育种、全基因组选择育种、基因工程育种（转基因或基因编辑设计育种）的应用也将成为薏苡育种技术革新的重要引领。

2. 利用北方薏苡种质矮秆和短生育期基因实现品种矮化

　　良好的适应性是物种在自然界生存的前提，而植株矮化是灌溉面积不断扩大、化肥广泛应用、机械化程度不断提高的必然要求，并引发了水稻、小麦的第一次绿色革命。薏苡是短日照作物，但是种质资源分布却跨度极广，从低纬度的东南亚至中国的辽宁，甚至韩国、日本均有分布。薏苡属作物从原始的驯化起源地向新的区域不断传播和扩张依赖于对光（光周期）、温的准确反应，准时启动生殖发育相关基因的表达，使营养生长转入生殖生长，完成一次生命周期的循环。20 世纪 90年代，中国学者对于薏苡生态型的划分也正是基于这种温光反应所产生的生态适应性。因此，可充分利用薏苡的温光反应特点，以北种南引方式，发掘和整合矮秆、生育期相关基因，以实现南方品种的矮化。

3. 薏苡雄性不育系寻找及其杂种优势利用

　　杂种优势已经在多种作物中得以应用，如玉米、水稻、高粱等，是粮食增产的重要途径之一。从目前来看，雄性不育在自然界很多作物中是存在的，在多种禾本科作物中甚至实现了推广应用。

中国薏苡属分类及
种质资源图鉴　　The Taxonomy and Illustrated Germplasm Resources of
Job's Tears (*Coix* L.) in China　　26

薏苡作为禾本类作物的一种，其与高粱、玉米等的亲缘关系较近（Li et al., 2021），生物学特征也存在类似之处。在以往的薏苡和川谷（野生）的杂交试验研究中，其杂种 F_1 代在产量、光合特性等方面也表现出了明显的杂种优势现象。因此，薏苡的杂种优势在理论和实践中是存在的，但其关键在于找到可利用的雄性不育系。研究发现，在薏苡类群中存在着一种花粉不能正常发育的水生薏苡种，具体表现为：雄性穗状花序中的花药不能正常发育，花药干瘪不开裂，无正常花粉；自然群体中不能正常结实，靠分枝漂移繁殖；与薏苡属其他种之间杂交不亲和，具有明显的生殖隔离现象。这可能是薏苡雄性不育系选育的重要突破口，但应用过程中存在比较严重的困难，主要有两个方面：一是生殖隔离问题，二是解决其亲本和 F_1 代总苞的质地问题（即珐琅质地外壳转变为甲壳质地外壳）。由于水生薏苡存在多种染色体倍型（2n=10、20、40），因此与其他种之间的生殖隔离可能因倍型不同引起。以往进行杂交试验的水生薏苡种为最原始的类型（2n=10），其不育性很可能是杂种染色体配对紊乱造成，也可能存在花粉不亲和等原因。因此解决生殖隔离问题，在选取材料时进行染色体倍型鉴定，选择染色体组与栽培种相同的类型（2n=20）或采用组织培养加倍等方式获得与栽培种相同的倍型，以此推测染色体相同倍型条件下打破其生殖障碍的可能性更大。

4. 利用薏苡属野生资源基因或远缘杂交渐渗提高植物抗逆性

用野生资源对栽培品种进行遗传改良是提高作物抗性、产量和品质的重要手段之一。前期的基础遗传分析均表明，薏苡野生资源和栽培种杂交其 F_1 代表现出杂种优势，甚至 F_2 代表现出远缘杂交特征并能提高植株抗性。四川农业大学周树峰等（2019）成功利用水生薏苡进行饲用型薏苡种质资源创制，获得具有营养生长和杂种优势双重优势的品种，则是野生资源利用的重要实践。在薏苡与其他作物远缘杂交方面，段桃利等（2008）通过观察薏苡和摩擦禾花粉在玉米柱头上的萌发和生长情况，探讨 3 种作物的远缘杂交不亲和机制，认为玉米与摩擦禾的亲缘关系较薏苡近，但是均表现为杂交不亲和，推测其有效应用需要利用胚胎拯救或花粉管诱导等方式实现。此外，在薏苡属内，除水生薏苡表现为营养繁殖外，其他的种（变种）之间均不存在生殖障碍，因此通过种（变种）间杂交也是薏苡遗传改良的重要途径，薏苡及其近缘作物（玉米、大刍草、摩擦禾）的远缘杂交对于理解其在整个禾本科中的进化地位也具有重要价值。

参考文献

段桃利，牟锦毅，唐祈林，等，2008. 玉米与摩擦禾、薏苡的杂交不亲和性 [J]. 作物学报 (9): 1656-1661.

李祥栋，陆秀娟，潘虹，等，2022. 薏苡种质资源与遗传育种研究现状 [J]. 贵州农业科学，50(2): 8-15.

陆平，李英才，1996. 我国首次发现有水生薏苡种分布 [J]. 种子 (1):54.

陆平，左志明，1996. 广西水生薏苡种的发现与鉴定 [J]. 广西农业科学 (1):18-20.

赵晓明，2000. 薏苡 [M]. 北京：中国林业出版社.

中国科学院中国植物志编辑委员会，1997. 中国植物志：第 10 卷 [M]. 北京：科学出版社 :289-294.

周树峰，孙福艾，郭超，等，2019. 一种通过远缘杂交选育多年生饲用薏苡的方法 [P]. CN107896972B，2019-12-31.

Burkill I H,1953. Habits of man and origins of the cultivated plants of the old world[J]. Proc Linn Soc, London,

164: 12-41.

Guo C, Wang Y, Yang A,et al.,2020. The *Coix* genome provides insights into Panicoideae evolution and papery hull domestication [J]. Molecular Plant, 13(2): 309-320.

Hore D K, Rathi R S,2007. Characterization of jobi's tears germplasm in north-east India[J]. Natural Product Radiance, 6(1): 50-54.

Li X D, Pan H, Lu X J, et al.,2021. Complete chloroplast genome sequencing of job's tears (*Coix* L.): genome structure, comparative analysis, and phylogenetic relationships[J]. Mitochondrial DNA Part B,6(4):1399-1405.

Liu H, Shi J, Cai Z,et al.,2020. Evolution and domestication footprints uncovered from the genomes of *Coix*[J]. Molecular Plant, 13(2):295-308.

Vallaeys G,1948. *Coix lacryma-jobi*[J]. Bull agric congobelge, 39: 247-304.

Venkateswarlu J, Chaganti R S K ,1993. Job's tears(*Coix lacryma-job* L.)[J]. ICAR Tech Bull, 44, New Delhi.

中国薏苡属
分类及种质
资源图鉴

The Taxonomy and
Illustrated Germplasm
Resources of Job's Tears
(*Coix* L.) in China

第四章
薏苡属种质资源遗传多样性

中国薏苡属
分类及种质
资源图鉴

The Taxonomy and
Illustrated Germplasm
Resources of Job's Tears
(*Coix* L.) in China

一、中国薏苡属种质资源生态型

中国幅员辽阔、气候复杂多样，孕育了大量的薏苡种质资源。中国薏苡种质资源广泛分布于南北方各省份，地理环境、气候及栽培条件的差异，造成了我国薏苡种质资源极为丰富多样，不同地区形成了众多地方品种、生态类型。黄亨履等（1995）认为薏苡是短日性作物，对光周期敏感，尤其是南方的野生种质，对短日要求更为严格，表现出原始的特性，他根据薏苡种质资源对光周期的反应和生育期长短，将中国薏苡划分为 3 个生态型（区）：（Ⅰ）北方早熟生态型（区），包括北京、河北、河南、山东、山西、辽宁、吉林、黑龙江、内蒙古、新疆等地，即北纬 33°以北，全年日平均气温≥10℃的积温 4 400℃以下，年日照时数 2 400 h 以上；（Ⅱ）长江中下游中熟生态型（区），包括江苏、浙江、安徽、江西、四川、湖北、陕西南部、湖南北部等地，即北纬 28°～33°，全年日平均气温≥10℃的积温 4 500℃左右，年日照时数 2 000～2 400 h；（Ⅲ）南方晚熟生态型（区），包括海南、广东、广西、福建、台湾、云贵高原、湖南南部与西藏南部，即北纬 28°以南，全年日平均气温≥10℃的积温 5 000℃以上，年日照时数 2 000 h 以下。

二、薏苡属种质资源表型多样性

薏苡在中国种植历史悠久，分布广泛，存在着丰富的表型变异。迄今为止，有关薏苡的形态学描述已有诸多报道。

梁云涛等（2006，2008）曾经考察和收集了来自中国广西、日本、韩国的薏苡栽培和野生资源117 份，并比较分析了其表型多样性，结果表明，这些薏苡种质在株高、叶面积、有效分蘖、主茎直径等形态特征和生育期方面均存在明显差异。王硕等（2013）分析了来自我国云南、贵州、广西及老挝和越南等地的 25 份薏苡种质的主要农艺性状，并根据主成分向量将其分为 4 类。李春花等（2015）根据 13 个主要表型性状特征，比较系统地评价了 65 份来自云南的薏苡种质资源的农艺性状多样性，并将其划分为 5 个类群。金关荣等（2017）对我国 36 份薏苡种质的种子形态特征进行了多样性评价，并对优异种质进行了初步筛选。李秀诗等（2019）以收集的 248 份薏苡种质资源为基础，按地理来源将标准化的 14 表型数据进行分组和抽样，获得了包含 67 份薏苡资源初级核心种质库（核心子集），为薏苡种质资源的收集、保护、创新利用奠定了重要基础。

李祥栋等（2019）根据 22 个表型性状表现，对国内外的 108 份薏苡属种质进行系统聚类，所有种质资源可划分为地域区分明显的 3 个类群。第 I 类群包含 18 份种质，除了个别来自中国的云南、贵州、江苏外，大部分种质来自中国山西、河北、辽宁、吉林等较高纬度地区，此类群主要表现为植株矮秆、茎细、叶片较小、节数少和分枝节位低、中等分蘖、籽粒形状相对细长等特点，可作为矮秆育种材料的重要来源。第 II 类群包含 66 份种质，主要来源于中国的云南、贵州、广西、四川、湖南、浙江、福建，主要集中在中国的长江中下游、西南和南方地区及东南亚等较低纬度地区。此类群变异最为丰富，具有植株茎秆高度、直径、节数和分枝节位及叶片大小等表现中等，分蘖数偏低等特征。第 III 类群包含 24 份种质，均来自中国的云南、贵州。此类群主要表现为植株茎秆粗壮、叶片较大、节数多和分枝节位高、分蘖多、整体生物量大等特征，该类材料在青贮饲料用途的种质创新及开发利用方面具有较高潜力。上述研究为不同资源的优势互补利用、遗传改良和种质创新提供了重要参考。

三、薏苡属种质资源分子标记多样性

DNA 分子标记是遗传多样性、基因定位、品种鉴定、资源评价、分子辅助育种等研究的重要工具。Ma 等（2010）利用 17 对引物分析了来自中国和韩国的 79 份薏苡种质资源，聚类分析发现，中国薏苡种质资源的多样性远高于韩国，且大部分中国薏苡聚为一类，而所有的韩国薏苡聚为一类；这也说明中国薏苡和韩国薏苡有着比较明显的遗传分化。Fu 等（2019）利用 AFLP 标记分析了 139 份中国西南地区的薏苡种质资源的遗传结构和多样性，结果显示，139 份资源的 Nei's 多样性指数（h）为 0.185 4 ～ 0.256 4，整体遗传多样性相对较低；所有资源被聚类为 2 个类群，不同类群内资源没有明显的地理相关性，贵州的遗传多样性更为多变，很可能与人类频繁选择作用有关。李祥栋等（2019）和陆秀娟等（2019）利用叶绿体 SSR 标记（cpSSR）和 ISSR 标记分析其遗传多样性，结果显示，不同类群之间可能存在基因渐渗，具体表现为种质遗传距离与地理距离的相关性不明显，北方早熟生态型、长江中下游中熟生态型和南方晚熟生态型类群之间的遗传距离相对较近、一致度高，但是与国外类型的遗传差异大。

四、薏苡属种质资源筛选及表型图谱构建

　　种质资源是遗传研究与育种应用的基础，有效地评价种质资源的遗传多样性和遗传关系也是资源鉴定、保护、品种改良等工作的重要内容。中国农业科学院作物科学研究所、贵州省薏苡工程技术研究中心和广西壮族自治区农业科学院，历时 10 多年开展国内薏苡资源考察、收集和保护，为薏苡资源的利用和产业发展奠定了重要基础。本研究团队也在总结前人研究和多年薏苡资源种植观察的基础上制定了《薏苡种质资源描述规范和数据标准》，规定了薏苡属种质资源的描述规范、数据规范和数据质量控制及其数据标准制定的原则与方法，进一步有效规范了薏苡种质资源的收集、整理和保存工作（石明等，2017）。本书则以收集和保存的 500 多份薏苡属种质资源为基础，在前期表型和遗传多样性评价的基础上，根据其地理来源和形态特征等，筛选了 148 份中国地方资源和 8 份现有薏苡新品种（图 4-1），对其植物学特征、分类、用途等方面进行系统描述，并选取特征图片构建其表型图谱（见第五章和第六章），以期有效提升大众对薏苡这一作物的科学认知和理解，也为薏苡作物的遗传改良和创新利用提供重要参考。

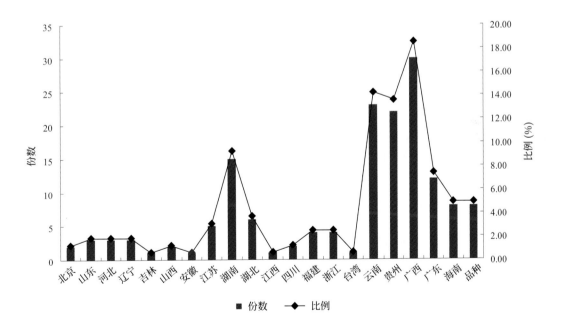

图 4-1　薏苡地方资源及品种统计

参考文献

黄亨履，陆平，朱玉兴，等，1995. 中国薏苡的生态型、多样性及利用价值 [J]. 作物品种资源 (4): 4-8.

金关荣，奚秀洁，程舟，等，2017. 薏苡种子形态性状多样性评价 [J]. 植物遗传资源学，18(3) : 421-428.

李春花，王艳青，卢文洁，等，2015. 云南薏苡种质资源农艺性状的主成分和聚类分析 [J]. 植物遗传资源学报，16(2): 277-281.

李祥栋，潘虹，陆秀娟，等，2019. 薏苡属种质资源的主要表型性状多样性研究 [J]. 植物遗传资源学报，20(1): 229-238.

李祥栋，石明，陆秀娟，等，2019. 利用叶绿体基因组 SSR 标记揭示薏苡属种质资源的遗传多样性 [J]. 华北农学报，34(S1): 6-14.

梁云涛，陈成斌，梁世春，等，2006. 中日韩三国薏苡种质资源遗传多样性研究 [J]. 广西农业科学，37(4): 341-344.

梁云涛，陈成斌，徐志健，等，2008. 东亚薏苡遗传资源研究 [J]. 广西农业科学，39(4): 413-418.

陆秀娟，潘虹，李祥栋，等，2019. 薏苡种质资源 ISSR 分子标记筛选及亲缘关系分析 [J]. 江苏农业科学，47(5): 32-36.

石明，李祥栋，秦礼康，2017. 薏苡种质资源描述规范和数据标准 [M]. 北京 : 中国农业出版社 .

王硕，张世鲍，何金宝，2013. 薏苡资源性状的主成分和聚类分析 [J]. 云南农业大学学报，28(2): 157-162.

Fu Y H, Yang C, Meng Q , et al.,2019. Genetic diversity and structure of *Coix lacryma-jobi* L. from its world secondary diversity center, southwest China[J]. International Journal of Genomics:1-9.

Ma K H, Kim K H, Dixit A, et al.,2010. Assessment of genetic diversity and relationships among *Coix lacryma-jobi* accessions using microsatellite markers[J]. Biologia Plantarum, 54 (2): 272-278.

中国薏苡属分类及
种质资源图鉴
The Taxonomy and Illustrated Germplasm Resources of
Job's Tears (*Coix* L.) in China
34

中国薏苡属
分类及种质
资源图鉴

The Taxonomy and
Illustrated Germplasm
Resources of Job's Tears
(*Coix* L.) in China

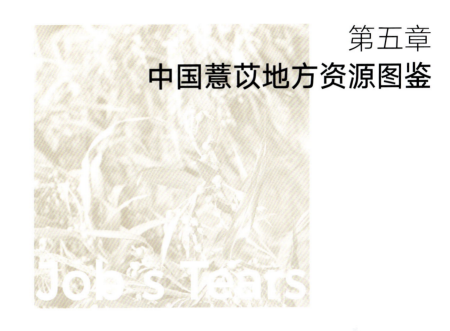

第五章
中国薏苡地方资源图鉴

1. 绿花川谷

植物学分类：薏苡（变种）*C. lacryma-jobi* var. *lacryma-jobi*
种质资源库编号：ZI000366
资源类型：野生资源
来源：北京市
用途：籽粒可做串珠等工艺品，根、茎可入药。
特征特性：在贵州兴义种植，生育期 137 d；株型直立，平均株高 173.8 cm，着粒层 160.4 cm，主茎粗 10.7 mm，分蘖数平均 5.4 个，主茎节数 10.0 节左右，分枝节位为第 2 节；苗期芽鞘和叶鞘均为紫色，叶片绿色；开花期柱头紫色，幼果浅红色，花药黄色，茎秆红色；成熟期总苞由褐色至黑色过渡，珐琅质地，坚硬而光滑，粒长 10.78 mm，粒宽 8.15 mm，百粒重 19.00 g 左右。

形态测试特征

序号	性状	状态描述	测量值
1	芽鞘色	1. 浅黄色　2. 绿色　3. 紫色	紫色
2	叶鞘色	1. 白色　2. 绿色　3. 紫色	紫色
3	幼苗叶色	1. 绿色　2. 红色　3. 紫色	绿色
4	幼苗生长习性	1. 直立　2. 中间　3. 匍匐	直立
5	茎秆颜色	1. 绿色　2. 浅红色　3. 红色　4. 紫红色　5. 紫色	红色
6	茎部蜡粉	1. 无　2. 有	有
7	柱头色	1. 白色　2. 黄色　3. 浅紫色　4. 紫红色　5. 紫色	紫色
8	花药色	1. 白色　2. 黄色　3. 浅紫色　4. 紫红色　5. 紫色	黄色
9	苞状鞘颜色	1. 绿色　2. 浅红色　3. 红色　4. 紫红色　5. 紫色	绿色
10	幼果颜色	1. 绿色　2. 浅红色　3. 红色　4. 紫红色　5. 紫色	浅红色
11	总苞颜色 （果壳色）	1. 白色　2. 黄白色　3. 黄色　4. 灰色　5. 棕色　6. 深棕色 7. 蓝色　8. 褐色　9. 深褐色　10. 黑色	褐色
12	总苞形状	1. 卵圆形　2. 近圆柱形　3. 椭圆形　4. 近圆形	近圆形
13	总苞质地	1. 珐琅质　2. 甲壳质	珐琅质
14	种仁色	1. 白色　2. 浅黄色　3. 棕色　4. 红色	红色
15	熟性	1. 特早熟　2. 早熟　3. 中熟　4. 晚熟　5. 特晚熟	早熟
16	胚乳类型	1. 粳性　2. 糯性	粳性

中国薏苡属分类及
种质资源图鉴　　The Taxonomy and Illustrated Germplasm Resources of
Job's Tears (*Coix* L.) in China　　36

2. 昌平草珠子

植物学分类： 薏苡（变种）*C. lacryma-jobi* var. *lacryma-jobi*
种质资源库编号： ZI000007
资源类型： 野生资源
来源： 北京市
用途： 籽粒可做串珠等工艺品，根、茎可入药。
特征特性： 在贵州兴义种植，生育期 137 d 左右；根系发达，株型直立，株高 148.8 cm，着粒层 143.8 cm，主茎粗 11.4 mm，单株分蘖数平均 5.4 个，主茎节数 10.0 节，分枝节位第 2 节；苗期芽鞘和叶鞘均为紫色，叶片绿色；开花期柱头紫红色，茎秆和幼果均为浅红色，花药黄色，茎秆具蜡粉；成熟期总苞具喙、棕色、珐琅质地、卵圆形，粒长 12.04 mm，粒宽 9.67 mm，百粒重 29.87 g。

形态测试特征

序号	性状	状态描述	测量值
1	芽鞘色	1. 浅黄色　2. 绿色　3. 紫色	紫色
2	叶鞘色	1. 白色　2. 绿色　3. 紫色	紫色
3	幼苗叶色	1. 绿色　2. 红色　3. 紫色	绿色
4	幼苗生长习性	1. 直立　2. 中间　3. 匍匐	直立
5	茎秆颜色	1. 绿色　2. 浅红色　3. 红色　4. 紫红色　5. 紫色	浅红色
6	茎部蜡粉	1. 无　2. 有	有
7	柱头色	1. 白色　2. 黄色　3. 浅紫色　4. 紫红色　5. 紫色	紫红色
8	花药色	1. 白色　2. 黄色　3. 浅紫色　4. 紫红色　5. 紫色	黄色
9	苞状鞘颜色	1. 绿色　2. 浅红色　3. 红色　4. 紫红色　5. 紫色	绿色
10	幼果颜色	1. 绿色　2. 浅红色　3. 红色　4. 紫红色　5. 紫色	浅红色
11	总苞颜色（果壳色）	1. 白色　2. 黄白色　3. 黄色　4. 灰色　5. 棕色　6. 深棕色　7. 蓝色　8. 褐色　9. 深褐色　10. 黑色	棕色
12	总苞形状	1. 卵圆形　2. 近圆柱形　3. 椭圆形　4. 近圆形	卵圆形
13	总苞质地	1. 珐琅质　2. 甲壳质	珐琅质
14	种仁色	1. 白色　2. 浅黄色　3. 棕色　4. 红色	红色
15	熟性	1. 特早熟　2. 早熟　3. 中熟　4. 晚熟　5. 特晚熟	早熟
16	胚乳类型	1. 粳性　2. 糯性	粳性

3. 临沂薏苡

植物学分类： 薏米（变种）*C. chinensis* var. *chinensis* Tod.
种质资源库编号： ZI000347
资源类型： 地方品种
来源： 山东省临沂市
用途： 粒用，种仁食用或作为药材、保健品等的原料。
特征特性： 在贵州兴义种植，生育期 112 d；根系发达，株型直立，株高 130.3 cm，着粒层 126.8 cm，主茎粗 9.78 mm，单株分蘖数 4 ~ 8 个，主茎节数 12 节，分枝节位为第 2 节；苗期 芽鞘和叶鞘均为紫色；开花期柱头紫色，茎秆紫红色具蜡粉，花药黄色；成熟期总苞褐色至深褐色、卵圆形、具喙、甲壳质地，种仁红色，百粒重约 13.64 g。

形态测试特征

序号	性状	状态描述	测量值
1	芽鞘色	1. 浅黄色　2. 绿色　3. 紫色	紫色
2	叶鞘色	1. 白色　2. 绿色　3. 紫色	紫色
3	幼苗叶色	1. 绿色　2. 红色　3. 紫色	红色
4	幼苗生长习性	1. 直立　2. 中间　3. 匍匐	直立
5	茎秆颜色	1. 绿色　2. 浅红色　3. 红色　4. 紫红色　5. 紫色	紫红色
6	茎部蜡粉	1. 无　2. 有	有
7	柱头色	1. 白色　2. 黄色　3. 浅紫色　4. 紫红色　5. 紫色	紫色
8	花药色	1. 白色　2. 黄色　3. 浅紫色　4. 紫红色　5. 紫色	黄色
9	苞状鞘颜色	1. 绿色　2. 浅红色　3. 红色　4. 紫红色　5. 紫色	紫红色
10	幼果颜色	1. 绿色　2. 浅红色　3. 红色　4. 紫红色　5. 紫色	红色
11	总苞颜色（果壳色）	1. 白色　2. 黄白色　3. 黄色　4. 灰色　5. 棕色　6. 深棕色　7. 蓝色　8. 褐色　9. 深褐色　10. 黑色	褐色至深褐色
12	总苞形状	1. 卵圆形　2. 近圆柱形　3. 椭圆形　4. 近圆形	卵圆形
13	总苞质地	1. 珐琅质　2. 甲壳质	甲壳质
14	种仁色	1. 白色　2. 浅黄色　3. 棕色　4. 红色	红色
15	熟性	1. 特早熟　2. 早熟　3. 中熟　4. 晚熟　5. 特晚熟	早熟
16	胚乳类型	1. 粳性　2. 糯性	糯性

4. 济南薏米

植物学分类： 薏米（变种）*C. chinensis var. chinensis* Tod.
种质资源库编号： 无
资源类型： 地方品种
来源： 山东省济南市
用途： 粒用，种仁食用或作为药材、保健品等的原料。
特征特性： 在贵州兴义种植，生育期 95 ~ 101 d，特早熟；根系发达，株型直立，株高约 114.0 cm，着粒层 90 cm 左右，茎秆相对细弱，单株分蘖数 3 ~ 5 个，主茎节数 12 节，分枝节位为第 2 节；苗期芽鞘和叶鞘均为紫色；开花期，茎秆具蜡粉，茎秆和柱头均为紫红色，花药黄色；成熟期总苞褐色至深褐色、卵圆形、甲壳质地，种仁红色，百粒重 8.37 g。

形态测试特征

序号	性状	状态描述	测量值
1	芽鞘色	1. 浅黄色　2. 绿色　3. 紫色	紫色
2	叶鞘色	1. 白色　2. 绿色　3. 紫色	紫色
3	幼苗叶色	1. 绿色　2. 红色　3. 紫色	红色
4	幼苗生长习性	1. 直立　2. 中间　3. 匍匐	直立
5	茎秆颜色	1. 绿色　2. 浅红色　3. 红色　4. 紫红色　5. 紫色	紫红色
6	茎部蜡粉	1. 无　2. 有	有
7	柱头色	1. 白色　2. 黄色　3. 浅紫色　4. 紫红色　5. 紫色	紫红色
8	花药色	1. 白色　2. 黄色　3. 浅紫色　4. 紫红色　5. 紫色	黄色
9	苞状鞘颜色	1. 绿色　2. 浅红色　3. 红色　4. 紫红色　5. 紫色	紫红色
10	幼果颜色	1. 绿色　2. 浅红色　3. 红色　4. 紫红色　5. 紫色	红色
11	总苞颜色（果壳色）	1. 白色　2. 黄白色　3. 黄色　4. 灰色　5. 棕色　6. 深棕色　7. 蓝色　8. 褐色　9. 深褐色　10. 黑色	褐色
12	总苞形状	1. 卵圆形　2. 近圆柱形　3. 椭圆形　4. 近圆形	卵圆形
13	总苞质地	1. 珐琅质　2. 甲壳质	甲壳质
14	种仁色	1. 白色　2. 浅黄色　3. 棕色　4. 红色	红色
15	熟性	1. 特早熟　2. 早熟　3. 中熟　4. 晚熟　5. 特晚熟	特早熟
16	胚乳类型	1. 粳性　2. 糯性	糯性

5. 济宁薏米

植物学分类： 薏米（变种）*C. chinensis* var. *chinensis* Tod.

种质资源库编号： 无

资源类型： 地方品种

来源： 山东省济宁市

用途： 粒用，种仁食用或作为药材、保健品等的原料。

特征特性： 在贵州兴义种植，生育期约 95 d，特早熟；根系发达，株型直立，株高 110 ~ 120.0 cm，着粒层 93.0 cm 左右，茎秆相对细弱，单株分蘖数 3 ~ 5 个，主茎节数 12 节，分枝节位为第 2 节；苗期芽鞘、叶鞘均为紫色，幼苗叶片红色；开花期柱头紫色，花药黄色；灌浆期茎秆紫红色且具白色蜡粉，幼果紫色；成熟期总苞深褐色或黑色、卵圆形、甲壳质地，种仁红色，百粒重 9.93 g，胚乳糯性。

形态测试特征

序号	性状	状态描述	测量值
1	芽鞘色	1. 浅黄色　2. 绿色　3. 紫色	紫色
2	叶鞘色	1. 白色　2. 绿色　3. 紫色	紫色
3	幼苗叶色	1. 绿色　2. 红色　3. 紫色	红色
4	幼苗生长习性	1. 直立　2. 中间　3. 匍匐	直立
5	茎秆颜色	1. 绿色　2. 浅红色　3. 红色　4. 紫红色　5. 紫色	紫红色
6	茎部蜡粉	1. 无　2. 有	有
7	柱头色	1. 白色　2. 黄色　3. 浅紫色　4. 紫红色　5. 紫色	紫色
8	花药色	1. 白色　2. 黄色　3. 浅紫色　4. 紫红色　5. 紫色	黄色
9	苞状鞘颜色	1. 绿色　2. 浅红色　3. 红色　4. 紫红色　5. 紫色	紫红色
10	幼果颜色	1. 绿色　2. 浅红色　3. 红色　4. 紫红色　5. 紫色	紫色
11	总苞颜色（果壳色）	1. 白色　2. 黄白色　3. 黄色　4. 灰色　5. 棕色　6. 深棕色　7. 蓝色　8. 褐色　9. 深褐色　10. 黑色	深褐色
12	总苞形状	1. 卵圆形　2. 近圆柱形　3. 椭圆形　4. 近圆形	卵圆形
13	总苞质地	1. 珐琅质　2. 甲壳质	甲壳质
14	种仁色	1. 白色　2. 浅黄色　3. 棕色　4. 红色	红色
15	熟性	1. 特早熟　2. 早熟　3. 中熟　4. 晚熟　5. 特晚熟	特早熟
16	胚乳类型	1. 粳性　2. 糯性	糯性

6. 安国薏苡

植物学分类： 薏米（变种）*C. chinensis* var. *chinensis* Tod.

种质资源库编号： ZI000300

资源类型： 地方品种

来源： 河北省安国市

用途： 粒用，种仁食用或作为药材、保健品等的原料。

特征特性： 在贵州兴义种植，生育期 110 ~ 120 d，特早熟；单窝（株）分蘖数平均 6.8 个，株高 118.2 cm，着粒层 107.4 cm，主茎粗 10.5 mm，主茎节数 8 节，分枝节位第 2 节；苗期株型直立，芽鞘、叶鞘和幼苗叶片均为绿色；开花期柱头白色，花药黄色；成熟期总苞深褐色、甲壳质地、卵圆形，粒长 9.39 mm，粒宽 6.13 mm，种仁红色，百粒重 9.81 g。

形态测试特征

序号	性状	状态描述	测量值
1	芽鞘色	1. 浅黄色　2. 绿色　3. 紫色	绿色
2	叶鞘色	1. 白色　2. 绿色　3. 紫色	绿色
3	幼苗叶色	1. 绿色　2. 红色　3. 紫色	绿色
4	幼苗生长习性	1. 直立　2. 中间　3. 匍匐	直立
5	茎秆颜色	1. 绿色　2. 浅红色　3. 红色　4. 紫红色　5. 紫色	绿色
6	茎部蜡粉	1. 无　2. 有	有
7	柱头色	1. 白色　2. 黄色　3. 浅紫色　4. 紫红色　5. 紫色	白色
8	花药色	1. 白色　2. 黄色　3. 浅紫色　4. 紫红色　5. 紫色	黄色
9	苞状鞘颜色	1. 绿色　2. 浅红色　3. 红色　4. 紫红色　5. 紫色	绿色
10	幼果颜色	1. 绿色　2. 浅红色　3. 红色　4. 紫红色　5. 紫色	绿色
11	总苞颜色 （果壳色）	1. 白色　2. 黄白色　3. 黄色　4. 灰色　5. 棕色　6. 深棕色 7. 蓝色　8. 褐色　9. 深褐色　10. 黑色	深褐色
12	总苞形状	1. 卵圆形　2. 近圆柱形　3. 椭圆形　4. 近圆形	卵圆形
13	总苞质地	1. 珐琅质　2. 甲壳质	甲壳质
14	种仁色	1. 白色　2. 浅黄色　3. 棕色　4. 红色	红色
15	熟性	1. 特早熟　2. 早熟　3. 中熟　4. 晚熟　5. 特晚熟	特早熟
16	胚乳类型	1. 粳性　2. 糯性	糯性

中国薏苡属分类及
种质资源图鉴　　The Taxonomy and Illustrated Germplasm Resources of
Job's Tears (*Coix* L.) in China　　46

7. 承德薏苡

植物学分类：薏米（变种）*C. chinensis* var. *chinensis* Tod.
种质资源库编号：ZI000301
资源类型：地方品种
来源：河北省
用途：粒用，种仁食用或作为药材、保健品等的原料。
特征特性：在贵州兴义种植，生育期 126 d 左右；单窝（株）分蘖数平均 6.4 个，株高 130.8 cm，着粒层 109.2 cm，主茎粗 10.0 mm，主茎节数 9 节，分枝节位第 2 节；苗期株型直立，芽鞘、叶鞘及幼苗叶片均为绿色；开花期柱头白色，花药黄色；成熟期总苞深褐色、甲壳质地、椭圆形，粒长 10.27 mm，粒宽 6.09 mm，百粒重 9.24 g。

形态测试特征

序号	性状	状态描述	测量值
1	芽鞘色	1. 浅黄色　2. 绿色　3. 紫色	绿色
2	叶鞘色	1. 白色　2. 绿色　3. 紫色	绿色
3	幼苗叶色	1. 绿色　2. 红色　3. 紫色	绿色
4	幼苗生长习性	1. 直立　2. 中间　3. 匍匐	直立
5	茎秆颜色	1. 绿色　2. 浅红色　3. 红色　4. 紫红色　5. 紫色	绿色
6	茎部蜡粉	1. 无　2. 有	有
7	柱头色	1. 白色　2. 黄色　3. 浅紫色　4. 紫红色　5. 紫色	白色
8	花药色	1. 白色　2. 黄色　3. 浅紫色　4. 紫红色　5. 紫色	黄色
9	苞状鞘颜色	1. 绿色　2. 浅红色　3. 红色　4. 紫红色　5. 紫色	绿色
10	幼果颜色	1. 绿色　2. 浅红色　3. 红色　4. 紫红色　5. 紫色	绿色
11	总苞颜色 （果壳色）	1. 白色　2. 黄白色　3. 黄色　4. 灰色　5. 棕色　6. 深棕色 7. 蓝色　8. 褐色　9. 深褐色　10. 黑色	深褐色
12	总苞形状	1. 卵圆形　2. 近圆柱形　3. 椭圆形　4. 近圆形	椭圆形
13	总苞质地	1. 珐琅质　2. 甲壳质	甲壳质
14	种仁色	1. 白色　2. 浅黄色　3. 棕色　4. 红色	棕色
15	熟性	1. 特早熟　2. 早熟　3. 中熟　4. 晚熟　5. 特晚熟	早熟
16	胚乳类型	1. 粳性　2. 糯性	糯性

中国薏苡属分类及
种质资源图鉴　　The Taxonomy and Illustrated Germplasm Resources of
Job's Tears (*Coix* L.) in China　　48

8. 昌黎大薏米

植物学分类：薏米（变种）*C. chinensis* var. *chinensis* Tod.

种质资源库编号：ZI000371

资源类型：地方品种

来源：河北省昌黎县

用途：粒用，种仁食用或作为药材、保健品等的原料。

特征特性：在贵州兴义种植，生育期 110 ~ 120 d，早熟；株高平均 94.0 cm，着粒层 87.4 cm，主茎粗 7.5 mm，单窝（株）分蘖数 9.8 个，主茎节数 6.0 节，分枝节位为第 2 节；苗期芽鞘、叶鞘和幼苗叶片均为绿色；开花期柱头白色，花药黄色，茎秆、苞状鞘和幼果均为绿色；成熟期总苞深褐色、甲壳质地、卵圆形，粒长 10.55 mm，粒宽 8.19 mm，百粒重 19.27 g。

形态测试特征

序号	性状	状态描述	测量值
1	芽鞘色	1. 浅黄色　2. 绿色　3. 紫色	绿色
2	叶鞘色	1. 白色　2. 绿色　3. 紫色	绿色
3	幼苗叶色	1. 绿色　2. 红色　3. 紫色	绿色
4	幼苗生长习性	1. 直立　2. 中间　3. 匍匐	直立
5	茎秆颜色	1. 绿色　2. 浅红色　3. 红色　4. 紫红色　5. 紫色	绿色
6	茎部蜡粉	1. 无　2. 有	有
7	柱头色	1. 白色　2. 黄色　3. 浅紫色　4. 紫红色　5. 紫色	白色
8	花药色	1. 白色　2. 黄色　3. 浅紫色　4. 紫红色　5. 紫色	黄色
9	苞状鞘颜色	1. 绿色　2. 浅红色　3. 红色　4. 紫红色　5. 紫色	绿色
10	幼果颜色	1. 绿色　2. 浅红色　3. 红色　4. 紫红色　5. 紫色	绿色
11	总苞颜色（果壳色）	1. 白色　2. 黄白色　3. 黄色　4. 灰色　5. 棕色　6. 深棕色　7. 蓝色　8. 褐色　9. 深褐色　10. 黑色	深褐色
12	总苞形状	1. 卵圆形　2. 近圆柱形　3. 椭圆形　4. 近圆形	卵圆形
13	总苞质地	1. 珐琅质　2. 甲壳质	甲壳质
14	种仁色	1. 白色　2. 浅黄色　3. 棕色　4. 红色	红色
15	熟性	1. 特早熟　2. 早熟　3. 中熟　4. 晚熟　5. 特晚熟	早熟
16	胚乳类型	1. 粳性　2. 糯性	糯性

中国薏苡属分类及
种质资源图鉴　　The Taxonomy and Illustrated Germplasm Resources of
Job's Tears (*Coix* L.) in China　　50

9. 台安农家种

植物学分类：薏米（变种）*C. chinensis* var. *chinensis* Tod.

种质资源库编号：ZI000353

资源类型：地方品种

来源：辽宁省台安县

用途：粒用，种仁食用或作为药材、保健品等的原料。

特征特性：在贵州兴义种植，生育期 102 ～ 116 d，特早熟；株高 101.2 cm，着粒层 96.2 cm，主茎粗 7.5 mm，单窝（株）分蘖数平均 6.0 个，主茎节数 8.0 节，分枝节位 2.0；苗期芽鞘、叶鞘和幼苗叶片均为绿色；开花期柱头白色，花药黄色，茎秆、苞状鞘和幼果均为绿色；成熟期总苞深褐色、甲壳质地、卵圆形，粒长 11.51 mm，粒宽 6.04 mm，百粒重 10.52 g。

形态测试特征

序号	性状	状态描述	测量值
1	芽鞘色	1. 浅黄色　2. 绿色　3. 紫色	绿色
2	叶鞘色	1. 白色　2. 绿色　3. 紫色	绿色
3	幼苗叶色	1. 绿色　2. 红色　3. 紫色	绿色
4	幼苗生长习性	1. 直立　2. 中间　3. 匍匐	直立
5	茎秆颜色	1. 绿色　2. 浅红色　3. 红色　4. 紫红色　5. 紫色	绿色
6	茎部蜡粉	1. 无　2. 有	有
7	柱头色	1. 白色　2. 黄色　3. 浅紫色　4. 紫红色　5. 紫色	白色
8	花药色	1. 白色　2. 黄色　3. 浅紫色　4. 紫红色　5. 紫色	黄色
9	苞状鞘颜色	1. 绿色　2. 浅红色　3. 红色　4. 紫红色　5. 紫色	绿色
10	幼果颜色	1. 绿色　2. 浅红色　3. 红色　4. 紫红色　5. 紫色	绿色
11	总苞颜色（果壳色）	1. 白色　2. 黄白色　3. 黄色　4. 灰色　5. 棕色　6. 深棕色　7. 蓝色　8. 褐色　9. 深褐色　10. 黑色	深褐色
12	总苞形状	1. 卵圆形　2. 近圆柱形　3. 椭圆形　4. 近圆形	卵圆形
13	总苞质地	1. 珐琅质　2. 甲壳质	甲壳质
14	种仁色	1. 白色　2. 浅黄色　3. 棕色　4. 红色	浅黄色
15	熟性	1. 特早熟　2. 早熟　3. 中熟　4. 晚熟　5. 特晚熟	特早熟
16	胚乳类型	1. 粳性　2. 糯性	糯性

中国薏苡属分类及
种质资源图鉴　　The Taxonomy and Illustrated Germplasm Resources of
Job's Tears (*Coix* L.) in China　　52

10. 义县农家种

植物学分类：薏米（变种）*C. chinensis* var. *chinensis* Tod.

种质资源库编号：ZI000354

资源类型：地方品种

来源：辽宁省义县

用途：粒用，种仁食用，或作为药材、保健品等的原料。

特征特性：在贵州兴义种植，株型直立，生育期平均 116 d，特早熟；株高 72.4 cm，着粒层 67.4 cm，主茎粗 5.5 mm，单窝（株）分蘖数 6.0 个，主茎节数 5.0 节，分枝节位第 2 节；苗期芽鞘、叶鞘和幼苗叶片均为紫色；开花期柱头紫色，花药黄色，茎秆、苞状鞘和幼果均为紫红色；成熟期总苞褐色或深褐色、甲壳质地、卵圆形，粒长 11.49 mm，粒宽 5.84 mm，百粒重 9.93 g。

形态测试特征

序号	性状	状态描述	测量值
1	芽鞘色	1. 浅黄色　2. 绿色　3. 紫色	紫色
2	叶鞘色	1. 白色　2. 绿色　3. 紫色	紫色
3	幼苗叶色	1. 绿色　2. 红色　3. 紫色	紫色
4	幼苗生长习性	1. 直立　2. 中间　3. 匍匐	直立
5	茎秆颜色	1. 绿色　2. 浅红色　3. 红色　4. 紫红色　5. 紫色	紫红色
6	茎部蜡粉	1. 无　2. 有	有
7	柱头色	1. 白色　2. 黄色　3. 浅紫色　4. 紫红色　5. 紫色	紫色
8	花药色	1. 白色　2. 黄色　3. 浅紫色　4. 紫红色　5. 紫色	黄色
9	苞状鞘颜色	1. 绿色　2. 浅红色　3. 红色　4. 紫红色　5. 紫色	紫红色
10	幼果颜色	1. 绿色　2. 浅红色　3. 红色　4. 紫红色　5. 紫色	紫红色
11	总苞颜色（果壳色）	1. 白色　2. 黄白色　3. 黄色　4. 灰色　5. 棕色　6. 深棕色　7. 蓝色　8. 褐色　9. 深褐色　10. 黑色	褐色
12	总苞形状	1. 卵圆形　2. 近圆柱形　3. 椭圆形　4. 近圆形	卵圆形
13	总苞质地	1. 珐琅质　2. 甲壳质	甲壳质
14	种仁色	1. 白色　2. 浅黄色　3. 棕色　4. 红色	浅黄色
15	熟性	1. 特早熟　2. 早熟　3. 中熟　4. 晚熟　5. 特晚熟	特早熟
16	胚乳类型	1. 粳性　2. 糯性	糯性

11. 南河村薏苡

植物学分类： 薏米（变种）*C. chinensis* var. *chinensis* Tod.

种质资源库编号： ZI000356

资源类型： 地方品种

来源： 辽宁省

用途： 粒用，种仁食用或作为药材、保健品等的原料。

特征特性： 在贵州兴义种植，生育期 116 d，特早熟；株高 101.8 cm，着粒层 96.8 cm，主茎粗 6.8 mm，单窝（株）分蘖数平均 7.6 个，主茎节数 7.0 节，分枝节位为第 2 节；苗期芽鞘、叶鞘和幼苗叶片均为绿色；开花期柱头白色，花药黄色，茎秆、苞状鞘和幼果均为绿色，无花青苷积累；成熟期总苞深褐色、甲壳质地、卵圆形，粒长 10.20 mm，粒宽 6.26 mm，种仁红色，百粒重 11.01 g。

形态测试特征

序号	性状	状态描述	测量值
1	芽鞘色	1. 浅黄色　2. 绿色　3. 紫色	绿色
2	叶鞘色	1. 白色　2. 绿色　3. 紫色	绿色
3	幼苗叶色	1. 绿色　2. 红色　3. 紫色	绿色
4	幼苗生长习性	1. 直立　2. 中间　3. 匍匐	直立
5	茎秆颜色	1. 绿色　2. 浅红色　3. 红色　4. 紫红色　5. 紫色	绿色
6	茎部蜡粉	1. 无　2. 有	有
7	柱头色	1. 白色　2. 黄色　3. 浅紫色　4. 紫红色　5. 紫色	白色
8	花药色	1. 白色　2. 黄色　3. 浅紫色　4. 紫红色　5. 紫色	黄色
9	苞状鞘颜色	1. 绿色　2. 浅红色　3. 红色　4. 紫红色　5. 紫色	绿色
10	幼果颜色	1. 绿色　2. 浅红色　3. 红色　4. 紫红色　5. 紫色	绿色
11	总苞颜色（果壳色）	1. 白色　2. 黄白色　3. 黄色　4. 灰色　5. 棕色　6. 深棕色　7. 蓝色　8. 褐色　9. 深褐色　10. 黑色	深褐色
12	总苞形状	1. 卵圆形　2. 近圆柱形　3. 椭圆形　4. 近圆形	卵圆形
13	总苞质地	1. 珐琅质　2. 甲壳质	甲壳质
14	种仁色	1. 白色　2. 浅黄色　3. 棕色　4. 红色	红色
15	熟性	1. 特早熟　2. 早熟　3. 中熟　4. 晚熟　5. 特晚熟	特早熟
16	胚乳类型	1. 粳性　2. 糯性	糯性

12. 吉林小黑壳

植物学分类： 薏米（变种）*C. chinensis* var. *chinensis* Tod.

种质资源库编号： ZI000358

资源类型： 地方品种

来源： 吉林省

用途： 粒用，种仁食用或作为药材、保健品等的原料。

特征特性： 在贵州兴义种植，生育期 116 d，特早熟；株高 93.4 cm，着粒层 88.4 cm，主茎粗 7.1 mm，单株（窝）分蘖数平均 3.0 个，主茎节数 8.0 节，分枝节位 2.0；苗期芽鞘和叶鞘均为紫色，幼苗叶片绿色；开花期柱头紫红色，花药黄色，苞状鞘和幼果均为紫红色，茎秆绿色；成熟期总苞褐色或深褐色、甲壳质地、卵圆形，粒长 11.76 mm，粒宽 6.58 mm，百粒重 15.28 g。

形态测试特征

序号	性状	状态描述	测量值
1	芽鞘色	1. 浅黄色　2. 绿色　3. 紫色	紫色
2	叶鞘色	1. 白色　2. 绿色　3. 紫色	紫色
3	幼苗叶色	1. 绿色　2. 红色　3. 紫色	绿色
4	幼苗生长习性	1. 直立　2. 中间　3. 匍匐	直立
5	茎秆颜色	1. 绿色　2. 浅红色　3. 红色　4. 紫红色　5. 紫色	绿色
6	茎部蜡粉	1. 无　2. 有	有
7	柱头色	1. 白色　2. 黄色　3. 浅紫色　4. 紫红色　5. 紫色	紫红色
8	花药色	1. 白色　2. 黄色　3. 浅紫色　4. 紫红色　5. 紫色	黄色
9	苞状鞘颜色	1. 绿色　2. 浅红色　3. 红色　4. 紫红色　5. 紫色	紫红色
10	幼果颜色	1. 绿色　2. 浅红色　3. 红色　4. 紫红色　5. 紫色	紫红色
11	总苞颜色（果壳色）	1. 白色　2. 黄白色　3. 黄色　4. 灰色　5. 棕色　6. 深棕色　7. 蓝色　8. 褐色　9. 深褐色　10. 黑色	深褐色
12	总苞形状	1. 卵圆形　2. 近圆柱形　3. 椭圆形　4. 近圆形	卵圆形
13	总苞质地	1. 珐琅质　2. 甲壳质	甲壳质
14	种仁色	1. 白色　2. 浅黄色　3. 棕色　4. 红色	红色
15	熟性	1. 特早熟　2. 早熟　3. 中熟　4. 晚熟　5. 特晚熟	特早熟
16	胚乳类型	1. 粳性　2. 糯性	糯性

13. 平定五谷

植物学分类： 薏米（变种）*C. chinensis* var. *chinensis* Tod.

种质资源库编号： ZI000351

资源类型： 地方品种

来源： 山西省平定县

用途： 粒用，种仁食用或作为药材、保健品等的原料。

特征特性： 在贵州兴义种植，生育期约 126 d，特早熟；株高 115.2 cm，着粒层 110.2 cm，主茎粗 8.9 mm，单窝（株）分蘖数平均 6.2 个，主茎节数 8 节，分枝节位第 2 节；苗期芽鞘、叶鞘和幼苗叶片均为紫色；开花期柱头紫色，花药黄色，茎秆浅红色，苞状鞘红色，幼果紫红色；成熟期总苞褐色或深褐色、甲壳质地、椭圆形，粒长 10.37 mm，粒宽 6.03 mm，百粒重 13.00 g。

形态测试特征

序号	性状	状态描述	测量值
1	芽鞘色	1. 浅黄色　2. 绿色　3. 紫色	紫色
2	叶鞘色	1. 白色　2. 绿色　3. 紫色	紫色
3	幼苗叶色	1. 绿色　2. 红色　3. 紫色	紫色
4	幼苗生长习性	1. 直立　2. 中间　3. 匍匐	直立
5	茎秆颜色	1. 绿色　2. 浅红色　3. 红色　4. 紫红色　5. 紫色	浅红色
6	茎部蜡粉	1. 无　2. 有	有
7	柱头色	1. 白色　2. 黄色　3. 浅紫色　4. 紫红色　5. 紫色	紫色
8	花药色	1. 白色　2. 黄色　3. 浅紫色　4. 紫红色　5. 紫色	黄色
9	苞状鞘颜色	1. 绿色　2. 浅红色　3. 红色　4. 紫红色　5. 紫色	红色
10	幼果颜色	1. 绿色　2. 浅红色　3. 红色　4. 紫红色　5. 紫色	紫红色
11	总苞颜色（果壳色）	1. 白色　2. 黄白色　3. 黄色　4. 灰色　5. 棕色　6. 深棕色　7. 蓝色　8. 褐色　9. 深褐色　10. 黑色	深褐色
12	总苞形状	1. 卵圆形　2. 近圆柱形　3. 椭圆形　4. 近圆形	椭圆形
13	总苞质地	1. 珐琅质　2. 甲壳质	甲壳质
14	种仁色	1. 白色　2. 浅黄色　3. 棕色　4. 红色	红色
15	熟性	1. 特早熟　2. 早熟　3. 中熟　4. 晚熟　5. 特晚熟	特早熟
16	胚乳类型	1. 粳性　2. 糯性	糯性

14. 太谷 2-4

植物学分类： 薏米（变种）*C. chinensis* var. *chinensis* Tod.
种质资源库编号： ZI000298
资源类型： 地方品种
来源： 山西省晋中市太谷区
用途： 粒用，种仁食用或作为药材、保健品等的原料。
特征特性： 在贵州兴义种植，生育期 126 d；株高 75.8 cm，着粒层 70.8 cm，主茎粗 5.6 mm，单窝（株）分蘖数平均 7.2 个，主茎节数 5 节，分枝节位第 2 节；苗期株型直立，芽鞘和叶鞘均为紫色，幼苗叶片绿色；柱头紫色，花药黄色；成熟期总苞褐色、甲壳质地、椭圆形，粒长 10.94 mm，粒宽 6.79 mm，百粒重 11.56 g；种仁红色，胚乳糯性。

形态测试特征

序号	性状	状态描述	测量值
1	芽鞘色	1. 浅黄色 2. 绿色 3. 紫色	紫色
2	叶鞘色	1. 白色 2. 绿色 3. 紫色	紫色
3	幼苗叶色	1. 绿色 2. 红色 3. 紫色	绿色
4	幼苗生长习性	1. 直立 2. 中间 3. 匍匐	直立
5	茎秆颜色	1. 绿色 2. 浅红色 3. 红色 4. 紫红色 5. 紫色	红色
6	茎部蜡粉	1. 无 2. 有	有
7	柱头色	1. 白色 2. 黄色 3. 浅紫色 4. 紫红色 5. 紫色	紫色
8	花药色	1. 白色 2. 黄色 3. 浅紫色 4. 紫红色 5. 紫色	黄色
9	苞状鞘颜色	1. 绿色 2. 浅红色 3. 红色 4. 紫红色 5. 紫色	红色
10	幼果颜色	1. 绿色 2. 浅红色 3. 红色 4. 紫红色 5. 紫色	紫红色
11	总苞颜色（果壳色）	1. 白色 2. 黄白色 3. 黄色 4. 灰色 5. 棕色 6. 深棕色 7. 蓝色 8. 褐色 9. 深褐色 10. 黑色	褐色
12	总苞形状	1. 卵圆形 2. 近圆柱形 3. 椭圆形 4. 近圆形	椭圆形
13	总苞质地	1. 珐琅质 2. 甲壳质	甲壳质
14	种仁色	1. 白色 2. 浅黄色 3. 棕色 4. 红色	红色
15	熟性	1. 特早熟 2. 早熟 3. 中熟 4. 晚熟 5. 特晚熟	早熟
16	胚乳类型	1. 粳性 2. 糯性	糯性

15. 店前薏苡

植物学分类：薏米（变种）*C. chinensis* var. *chinensis* Tod.

种质资源库编号：无

资源类型：地方品种

来源：安徽省

用途：粒用，种仁食用或作为药材、保健品等的原料。

特征特性：在贵州兴义种植，生育期 120 d 左右，早熟；苗期芽鞘、叶鞘和幼苗叶片均为紫色；开花期柱头紫色，幼果紫红色，苞状鞘浅红色，花药黄色，茎秆略带浅红且具白色蜡粉；成熟期总苞褐色或深褐色、甲壳质地、卵圆形，表面有纵长条纹，具喙，粒长 10.10 mm，粒宽 6.28 mm，百粒重 11.40 g。

形态测试特征

序号	性状	状态描述	测量值
1	芽鞘色	1. 浅黄色　2. 绿色　3. 紫色	紫色
2	叶鞘色	1. 白色　2. 绿色　3. 紫色	紫色
3	幼苗叶色	1. 绿色　2. 红色　3. 紫色	紫色
4	幼苗生长习性	1. 直立　2. 中间　3. 匍匐	直立
5	茎秆颜色	1. 绿色　2. 浅红色　3. 红色　4. 紫红色　5. 紫色	浅红色
6	茎部蜡粉	1. 无　2. 有	有
7	柱头色	1. 白色　2. 黄色　3. 浅紫色　4. 紫红色　5. 紫色	紫色
8	花药色	1. 白色　2. 黄色　3. 浅紫色　4. 紫红色　5. 紫色	黄色
9	苞状鞘颜色	1. 绿色　2. 浅红色　3. 红色　4. 紫红色　5. 紫色	浅红色
10	幼果颜色	1. 绿色　2. 浅红色　3. 红色　4. 紫红色　5. 紫色	紫红色
11	总苞颜色（果壳色）	1. 白色　2. 黄白色　3. 黄色　4. 灰色　5. 棕色　6. 深棕色　7. 蓝色　8. 褐色　9. 深褐色　10. 黑色	褐色
12	总苞形状	1. 卵圆形　2. 近圆柱形　3. 椭圆形　4. 近圆形	卵圆形
13	总苞质地	1. 珐琅质　2. 甲壳质	甲壳质
14	种仁色	1. 白色　2. 浅黄色　3. 棕色　4. 红色	红色
15	熟性	1. 特早熟　2. 早熟　3. 中熟　4. 晚熟　5. 特晚熟	早熟
16	胚乳类型	1. 粳性　2. 糯性	糯性

16. 江苏川谷

植物学分类： 念珠薏苡（变种）*C . lacryma-jobi* var. *maxima* Makino
种质资源库编号： ZI000370
资源类型： 野生资源
来源： 江苏省
用途： 籽粒可做串珠等工艺品，根、茎可入药。
特征特性： 在贵州兴义种植，生育期 95 ~ 106 d，特早熟；矮秆，株高 46.4 cm，着粒层 46.4 cm，主茎粗 6.3 mm，单株分蘖数平均 5.6 个，主茎节数 5 节，分枝节位第 2 节；苗期芽鞘、叶鞘和幼苗叶片均为绿色；开花期柱头白色，幼果和苞状鞘均为绿色；叶片宽厚，茎秆绿色且具白色蜡粉；成熟期总苞灰色或棕色、珐琅质地、近圆形，粒长 10.16 mm，粒宽 12.62 mm，百粒重 47.52 g。

形态测试特征

序号	性状	状态描述	测量值
1	芽鞘色	1. 浅黄色　2. 绿色　3. 紫色	绿色
2	叶鞘色	1. 白色　2. 绿色　3. 紫色	绿色
3	幼苗叶色	1. 绿色　2. 红色　3. 紫色	绿色
4	幼苗生长习性	1. 直立　2. 中间　3. 匍匐	直立
5	茎秆颜色	1. 绿色　2. 浅红色　3. 红色　4. 紫红色　5. 紫色	绿色
6	茎部蜡粉	1. 无　2. 有	有
7	柱头色	1. 白色　2. 黄色　3. 浅紫色　4. 紫红色　5. 紫色	白色
8	花药色	1. 白色　2. 黄色　3. 浅紫色　4. 紫红色　5. 紫色	黄色
9	苞状鞘颜色	1. 绿色　2. 浅红色　3. 红色　4. 紫红色　5. 紫色	绿色
10	幼果颜色	1. 绿色　2. 浅红色　3. 红色　4. 紫红色　5. 紫色	绿色
11	总苞颜色 （果壳色）	1. 白色　2. 黄白色　3. 黄色　4. 灰色　5. 棕色　6. 深棕色 7. 蓝色　8. 褐色　9. 深褐色　10. 黑色	灰色
12	总苞形状	1. 卵圆形　2. 近圆柱形　3. 椭圆形　4. 近圆形	近圆形
13	总苞质地	1. 珐琅质　2. 甲壳质	珐琅质
14	种仁色	1. 白色　2. 浅黄色　3. 棕色　4. 红色	红色
15	熟性	1. 特早熟　2. 早熟　3. 中熟　4. 晚熟　5. 特晚熟	特早熟
16	胚乳类型	1. 粳性　2. 糯性	粳性

17. 贾汪薏苡

植物学分类：薏苡（变种）*C. lacryma-jobi var. lacryma-jobi*

种质资源库编号：无

资源类型：野生资源

来源：江苏省

用途：籽粒可做串珠等工艺品，根、茎可入药。

特征特性：在贵州兴义种植，生育期 100 d 左右，特早熟；植株矮小、分蘖和再生性强；苗期芽鞘、叶鞘和幼苗叶片均为绿色；开花期柱头白色，花药黄色，幼果和苞状鞘均为绿色；叶片宽厚，茎秆绿色且具白色蜡粉；成熟期总苞棕色或深棕色、珐琅质地、卵圆形，表面有光泽，具喙，百粒重 24.94 g；种仁棕色，胚乳粳性。

形态测试特征

序号	性状	状态描述	测量值
1	芽鞘色	1. 浅黄色　2. 绿色　3. 紫色	绿色
2	叶鞘色	1. 白色　2. 绿色　3. 紫色	绿色
3	幼苗叶色	1. 绿色　2. 红色　3. 紫色	绿色
4	幼苗生长习性	1. 直立　2. 中间　3. 匍匐	直立
5	茎秆颜色	1. 绿色　2. 浅红色　3. 红色　4. 紫红色　5. 紫色	绿色
6	茎部蜡粉	1. 无　2. 有	有
7	柱头色	1. 白色　2. 黄色　3. 浅紫色　4. 紫红色　5. 紫色	白色
8	花药色	1. 白色　2. 黄色　3. 浅紫色　4. 紫红色　5. 紫色	黄色
9	苞状鞘颜色	1. 绿色　2. 浅红色　3. 红色　4. 紫红色　5. 紫色	绿色
10	幼果颜色	1. 绿色　2. 浅红色　3. 红色　4. 紫红色　5. 紫色	绿色
11	总苞颜色（果壳色）	1. 白色　2. 黄白色　3. 黄色　4. 灰色　5. 棕色　6. 深棕色　7. 蓝色　8. 褐色　9. 深褐色　10. 黑色	深棕色
12	总苞形状	1. 卵圆形　2. 近圆柱形　3. 椭圆形　4. 近圆形	卵圆形
13	总苞质地	1. 珐琅质　2. 甲壳质	珐琅质
14	种仁色	1. 白色　2. 浅黄色　3. 棕色　4. 红色	棕色
15	熟性	1. 特早熟　2. 早熟　3. 中熟　4. 晚熟　5. 特晚熟	特早熟
16	胚乳类型	1. 粳性　2. 糯性	粳性

中国薏苡属分类及
种质资源图鉴　　The Taxonomy and Illustrated Germplasm Resources of
Job's Tears (Coix L.) in China　　68

5mm

18. 铁玉黍

植物学分类：薏苡（变种）*C. lacryma-jobi* var. *lacryma-jobi*

种质资源库编号：无

资源类型：野生资源

来源：江苏省

用途：籽粒可做串珠等工艺品，根、茎可入药。

特征特性：在贵州兴义种植，生育期 90 ～ 100 d，特早熟；植株矮小、分蘖和再生性强；苗期芽鞘、叶鞘和幼苗叶片均为绿色；开花期柱头白色，花药黄色，幼果和苞状鞘均为绿色，茎秆绿色且具白色蜡粉；成熟期总苞深棕色、珐琅质地、卵圆形，表面有光泽，具喙，百粒重 20.10 g。

形态测试特征

序号	性状	状态描述	测量值
1	芽鞘色	1. 浅黄色　2. 绿色　3. 紫色	绿色
2	叶鞘色	1. 白色　2. 绿色　3. 紫色	绿色
3	幼苗叶色	1. 绿色　2. 红色　3. 紫色	绿色
4	幼苗生长习性	1. 直立　2. 中间　3. 匍匐	直立
5	茎秆颜色	1. 绿色　2. 浅红色　3. 红色　4. 紫红色　5. 紫色	绿色
6	茎部蜡粉	1. 无　2. 有	有
7	柱头色	1. 白色　2. 黄色　3. 浅紫色　4. 紫红色　5. 紫色	白色
8	花药色	1. 白色　2. 黄色　3. 浅紫色　4. 紫红色　5. 紫色	黄色
9	苞状鞘颜色	1. 绿色　2. 浅红色　3. 红色　4. 紫红色　5. 紫色	绿色
10	幼果颜色	1. 绿色　2. 浅红色　3. 红色　4. 紫红色　5. 紫色	绿色
11	总苞颜色（果壳色）	1. 白色　2. 黄白色　3. 黄色　4. 灰色　5. 棕色　6. 深棕色　7. 蓝色　8. 褐色　9. 深褐色　10. 黑色	深棕色
12	总苞形状	1. 卵圆形　2. 近圆柱形　3. 椭圆形　4. 近圆形	卵圆形
13	总苞质地	1. 珐琅质　2. 甲壳质	珐琅质
14	种仁色	1. 白色　2. 浅黄色　3. 棕色　4. 红色	红色
15	熟性	1. 特早熟　2. 早熟　3. 中熟　4. 晚熟　5. 特晚熟	特早熟
16	胚乳类型	1. 粳性　2. 糯性	糯性

19. 灌云薏苡

植物学分类：薏苡（变种）*C. lacryma-jobi var. lacryma-jobi*
种质资源库编号：无
资源类型：地方品种
来源：江苏省
用途：籽粒可做串珠等工艺品，根、茎可入药。
特征特性：在贵州兴义种植，生育期 110 d 左右，特早熟；植株矮小、分蘖和再生性强；苗期芽鞘、叶鞘和幼苗叶片均为绿色；开花期柱头白色，花药黄色，幼果和苞状鞘均为绿色，茎秆绿色且具白色蜡粉；成熟期总苞深棕色、珐琅质地、卵圆形，表面有光泽，具喙，百粒重 15.91 g。

形态测试特征

序号	性状	状态描述	测量值
1	芽鞘色	1.浅黄色 2.绿色 3.紫色	绿色
2	叶鞘色	1.白色 2.绿色 3.紫色	绿色
3	幼苗叶色	1.绿色 2.红色 3.紫色	绿色
4	幼苗生长习性	1.直立 2.中间 3.匍匐	中间
5	茎秆颜色	1.绿色 2.浅红色 3.红色 4.紫红色 5.紫色	绿色
6	茎部蜡粉	1.无 2.有	有
7	柱头色	1.白色 2.黄色 3.浅紫色 4.紫红色 5.紫色	白色
8	花药色	1.白色 2.黄色 3.浅紫色 4.紫红色 5.紫色	黄色
9	苞状鞘颜色	1.绿色 2.浅红色 3.红色 4.紫红色 5.紫色	绿色
10	幼果颜色	1.绿色 2.浅红色 3.红色 4.紫红色 5.紫色	绿色
11	总苞颜色（果壳色）	1.白色 2.黄白色 3.黄色 4.灰色 5.棕色 6.深棕色 7.蓝色 8.褐色 9.深褐色 10.黑色	深棕色
12	总苞形状	1.卵圆形 2.近圆柱形 3.椭圆形 4.近圆形	卵圆形
13	总苞质地	1.珐琅质 2.甲壳质	珐琅质
14	种仁色	1.白色 2.浅黄色 3.棕色 4.红色	浅黄色
15	熟性	1.特早熟 2.早熟 3.中熟 4.晚熟 5.特晚熟	特早熟
16	胚乳类型	1.粳性 2.糯性	粳性

5mm

20. 大丰薏米（六谷子）

植物学分类： 薏米（变种）*C. chinensis* var. *chinensis* Tod.

种质资源库编号： 无

资源类型： 地方品种

来源： 江苏省

用途： 粒用。

特征特性： 在贵州兴义种植，生育期100～110 d，特早熟；植株矮小，分蘖性和再生性强；苗期芽鞘、叶鞘和幼苗叶片均为绿色；开花期柱头紫色，花药黄色，幼果红色，苞状鞘绿色，茎秆绿色且具白色蜡粉；成熟期总苞灰色至棕色、甲壳质地、卵圆形，表面有纵长条纹，具喙，百粒重7.39 g。

形态测试特征

序号	性状	状态描述	测量值
1	芽鞘色	1. 浅黄色　2. 绿色　3. 紫色	绿色
2	叶鞘色	1. 白色　2. 绿色　3. 紫色	绿色
3	幼苗叶色	1. 绿色　2. 红色　3. 紫色	绿色
4	幼苗生长习性	1. 直立　2. 中间　3. 匍匐	直立
5	茎秆颜色	1. 绿色　2. 浅红色　3. 红色　4. 紫红色　5. 紫色	绿色
6	茎部蜡粉	1. 无　2. 有	有
7	柱头色	1. 白色　2. 黄色　3. 浅紫色　4. 紫红色　5. 紫色	紫色
8	花药色	1. 白色　2. 黄色　3. 浅紫色　4. 紫红色　5. 紫色	黄色
9	苞状鞘颜色	1. 绿色　2. 浅红色　3. 红色　4. 紫红色　5. 紫色	绿色
10	幼果颜色	1. 绿色　2. 浅红色　3. 红色　4. 紫红色　5. 紫色	红色
11	总苞颜色（果壳色）	1. 白色　2. 黄白色　3. 黄色　4. 灰色　5. 棕色　6. 深棕色　7. 蓝色　8. 褐色　9. 深褐色　10. 黑色	棕色
12	总苞形状	1. 卵圆形　2. 近圆柱形　3. 椭圆形　4. 近圆形	卵圆形
13	总苞质地	1. 珐琅质　2. 甲壳质	甲壳质
14	种仁色	1. 白色　2. 浅黄色　3. 棕色　4. 红色	红色
15	熟性	1. 特早熟　2. 早熟　3. 中熟　4. 晚熟　5. 特晚熟	特早熟
16	胚乳类型	1. 粳性　2. 糯性	糯性

5mm

21. 澧县圆粒薏苡

植物学分类： 薏苡（变种）*C. lacryma-jobi var. lacryma-jobi*

种质资源库编号： ZI000303

资源类型： 野生资源

来源： 湖南省

用途： 籽粒可做串珠等工艺品，茎叶可做青贮饲料。

特征特性： 在贵州兴义种植，生育期 163 d，单窝分蘖数平均 20.2 个，株高 160.2 cm，着粒层 117.2 cm，主茎粗 12.2 mm，主茎节数 11 节，分枝节位第 5 节；苗期芽鞘和叶鞘均为紫色，幼苗叶片绿色；开花期柱头浅红色，花药黄色，幼果绿色；成熟期总苞棕色、珐琅质地、卵圆形，粒长 10.41 mm，粒宽 8.47 mm，百粒重 26.50 g。

形态测试特征

序号	性状	状态描述	测量值
1	芽鞘色	1. 浅黄色 2. 绿色 3. 紫色	紫色
2	叶鞘色	1. 白色 2. 绿色 3. 紫色	紫色
3	幼苗叶色	1. 绿色 2. 红色 3. 紫色	绿色
4	幼苗生长习性	1. 直立 2. 中间 3. 匍匐	直立
5	茎秆颜色	1. 绿色 2. 浅红色 3. 红色 4. 紫红色 5. 紫色	绿色
6	茎部蜡粉	1. 无 2. 有	有
7	柱头色	1. 白色 2. 黄色 3. 浅紫色 4. 紫红色 5. 紫色	浅红色
8	花药色	1. 白色 2. 黄色 3. 浅紫色 4. 紫红色 5. 紫色	黄色
9	苞状鞘颜色	1. 绿色 2. 浅红色 3. 红色 4. 紫红色 5. 紫色	绿色
10	幼果颜色	1. 绿色 2. 浅红色 3. 红色 4. 紫红色 5. 紫色	绿色
11	总苞颜色（果壳色）	1. 白色 2. 黄白色 3. 黄色 4. 灰色 5. 棕色 6. 深棕色 7. 蓝色 8. 褐色 9. 深褐色 10. 黑色	棕色
12	总苞形状	1. 卵圆形 2. 近圆柱形 3. 椭圆形 4. 近圆形	卵圆形
13	总苞质地	1. 珐琅质 2. 甲壳质	珐琅质
14	种仁色	1. 白色 2. 浅黄色 3. 棕色 4. 红色	浅黄色
15	熟性	1. 特早熟 2. 早熟 3. 中熟 4. 晚熟 5. 特晚熟	中熟
16	胚乳类型	1. 粳性 2. 糯性	粳性

22. 澧县长粒薏苡

植物学分类： 薏苡（变种）*C. lacryma-jobi* var. *lacryma-jobi*
种质资源库编号： ZI000304
资源类型： 野生资源
来源： 湖南省
用途： 籽粒可做串珠等工艺品，茎叶可做青贮饲料。
特征特性： 在贵州兴义种植，生育期 163 d；根系发达，分蘖性强，株高 150cm，单窝分蘖数平均 15.8 个，着粒层 110 cm，主茎粗 12.9 mm，主茎节数 15 节，分枝节位第 7 节；苗期株型直立，芽鞘和叶鞘均为紫色，幼苗叶片绿色；开花期柱头浅红或紫红色，花药黄色，幼果和苞状鞘均为绿色；成熟期总苞棕色或深棕色、珐琅质地、卵圆形，粒长 11.29 mm，粒宽 8.72 mm，百粒重 30.25 g。

形态测试特征

序号	性状	状态描述	测量值
1	芽鞘色	1. 浅黄色　2. 绿色　3. 紫色	紫色
2	叶鞘色	1. 白色　2. 绿色　3. 紫色	紫色
3	幼苗叶色	1. 绿色　2. 红色　3. 紫色	绿色
4	幼苗生长习性	1. 直立　2. 中间　3. 匍匐	直立
5	茎秆颜色	1. 绿色　2. 浅红色　3. 红色　4. 紫红色　5. 紫色	绿色
6	茎部蜡粉	1. 无　2. 有	有
7	柱头色	1. 白色　2. 黄色　3. 浅紫色　4. 紫红色　5. 紫色	紫红色
8	花药色	1. 白色　2. 黄色　3. 浅紫色　4. 紫红色　5. 紫色	黄色
9	苞状鞘颜色	1. 绿色　2. 浅红色　3. 红色　4. 紫红色　5. 紫色	绿色
10	幼果颜色	1. 绿色　2. 浅红色　3. 红色　4. 紫红色　5. 紫色	绿色
11	总苞颜色（果壳色）	1. 白色　2. 黄白色　3. 黄色　4. 灰色　5. 棕色　6. 深棕色　7. 蓝色　8. 褐色　9. 深褐色　10. 黑色	深棕色
12	总苞形状	1. 卵圆形　2. 近圆柱形　3. 椭圆形　4. 近圆形	卵圆形
13	总苞质地	1. 珐琅质　2. 甲壳质	珐琅质
14	种仁色	1. 白色　2. 浅黄色　3. 棕色　4. 红色	浅黄色
15	熟性	1. 特早熟　2. 早熟　3. 中熟　4. 晚熟　5. 特晚熟	中熟
16	胚乳类型	1. 粳性　2. 糯性	粳性

23. 隘上五谷

植物学分类： 薏米（变种）*C. chinensis* var. *chinensis* Tod.

种质资源库编号： ZI000361

资源类型： 地方品种

来源： 湖南省

用途： 粒用，种仁食用或作为药材、保健品等的原料。

特征特性： 在贵州兴义种植，生育期 137d；株高 189 cm，着粒层 163.6 cm，主茎粗 12.6 mm，单株分蘖数平均 5.2 个，主茎节数 10 节，分枝节位第 2 节；苗期芽鞘、叶鞘和幼苗叶片均为绿色；开花期柱头紫红色，幼果、苞状鞘和茎秆均为绿色；成熟期总苞黄白色、甲壳质地、椭圆形，具纵长条纹和喙，粒长 9.49 mm，粒宽 6.13 mm，百粒重 8.88 g。

形态测试特征

序号	性状	状态描述	测量值
1	芽鞘色	1. 浅黄色　2. 绿色　3. 紫色	绿色
2	叶鞘色	1. 白色　2. 绿色　3. 紫色	绿色
3	幼苗叶色	1. 绿色　2. 红色　3. 紫色	绿色
4	幼苗生长习性	1. 直立　2. 中间　3. 匍匐	直立
5	茎秆颜色	1. 绿色　2. 浅红色　3. 红色　4. 紫红色　5. 紫色	绿色
6	茎部蜡粉	1. 无　2. 有	有
7	柱头色	1. 白色　2. 黄色　3. 浅紫色　4. 紫红色　5. 紫色	紫红色
8	花药色	1. 白色　2. 黄色　3. 浅紫色　4. 紫红色　5. 紫色	黄色
9	苞状鞘颜色	1. 绿色　2. 浅红色　3. 红色　4. 紫红色　5. 紫色	绿色
10	幼果颜色	1. 绿色　2. 浅红色　3. 红色　4. 紫红色　5. 紫色	绿色
11	总苞颜色（果壳色）	1. 白色　2. 黄白色　3. 黄色　4. 灰色　5. 棕色　6. 深棕色　7. 蓝色　8. 褐色　9. 深褐色　10. 黑色	黄白色
12	总苞形状	1. 卵圆形　2. 近圆柱形　3. 椭圆形　4. 近圆形	椭圆形
13	总苞质地	1. 珐琅质　2. 甲壳质	甲壳质
14	种仁色	1. 白色　2. 浅黄色　3. 棕色　4. 红色	浅黄色
15	熟性	1. 特早熟　2. 早熟　3. 中熟　4. 晚熟　5. 特晚熟	中熟
16	胚乳类型	1. 粳性　2. 糯性	糯性

24. 慈利川谷

植物学分类：薏苡（变种）*C. lacryma-jobi* var. *lacryma-jobi*
种质资源库编号：ZI000362
资源类型：野生资源
来源：湖南省
用途：籽粒可做串珠等工艺品，茎叶可做青贮饲料。

特征特性：在贵州兴义种植，生育期 163 d；根系发达，分蘖性强，株高 146.6 cm，着粒层 136.6 cm，主茎粗 10.6 mm，单窝分蘖数平均 10.0 个，主茎节数 12 节，分枝节位为第 2 节；苗期芽鞘和叶鞘均为紫色，幼苗叶片绿色；开花期柱头浅紫色或紫红色，花药黄色，幼果和苞状鞘均为绿色，茎秆绿色且具白色蜡粉；成熟期总苞棕色或褐色、珐琅质地、卵圆形，粒长 11.88 mm，粒宽 8.92 mm，百粒重 28.98g。

形态测试特征

序号	性状	状态描述	测量值
1	芽鞘色	1. 浅黄色　2. 绿色　3. 紫色	紫色
2	叶鞘色	1. 白色　2. 绿色　3. 紫色	紫色
3	幼苗叶色	1. 绿色　2. 红色　3. 紫色	绿色
4	幼苗生长习性	1. 直立　2. 中间　3. 匍匐	直立
5	茎秆颜色	1. 绿色　2. 浅红色　3. 红色　4. 紫红色　5. 紫色	绿色
6	茎部蜡粉	1. 无　2. 有	有
7	柱头色	1. 白色　2. 黄色　3. 浅紫色　4. 紫红色　5. 紫色	浅紫色
8	花药色	1. 白色　2. 黄色　3. 浅紫色　4. 紫红色　5. 紫色	黄色
9	苞状鞘颜色	1. 绿色　2. 浅红色　3. 红色　4. 紫红色　5. 紫色	绿色
10	幼果颜色	1. 绿色　2. 浅红色　3. 红色　4. 紫红色　5. 紫色	绿色
11	总苞颜色（果壳色）	1. 白色　2. 黄白色　3. 黄色　4. 灰色　5. 棕色　6. 深棕色　7. 蓝色　8. 褐色　9. 深褐色　10. 黑色	棕色
12	总苞形状	1. 卵圆形　2. 近圆柱形　3. 椭圆形　4. 近圆形	卵圆形
13	总苞质地	1. 珐琅质　2. 甲壳质	珐琅质
14	种仁色	1. 白色　2. 浅黄色　3. 棕色　4. 红色	浅黄色
15	熟性	1. 特早熟　2. 早熟　3. 中熟　4. 晚熟　5. 特晚熟	中熟
16	胚乳类型	1. 粳性　2. 糯性	粳性

25. 白薏米

植物学分类：薏米（变种）*C. chinensis* var. *chinensis* Tod.

种质资源库编号：ZI000400

资源类型：地方品种

来源：湖南省

用途：粒用，种仁食用或作为药材、保健品等的原料。

特征特性：在贵州兴义种植，生育期170 d左右；根系发达，株型直立，株高218 cm，着粒层105.8 cm，主茎粗10.2 mm，单株分蘖数平均8个，主茎节数12节，分枝节位为第6节；苗期芽鞘、叶鞘和幼苗叶片均为绿色；开花期柱头浅紫色或紫红色，花药黄色，幼果和苞状鞘均为绿色；成熟期总苞黄白色、甲壳质地，具纵长条纹和喙，粒长7.66 mm，粒宽5.86 mm，百粒重7.41 g。

形态测试特征

序号	性状	状态描述	测量值
1	芽鞘色	1. 浅黄色 2. 绿色 3. 紫色	绿色
2	叶鞘色	1. 白色 2. 绿色 3. 紫色	绿色
3	幼苗叶色	1. 绿色 2. 红色 3. 紫色	绿色
4	幼苗生长习性	1. 直立 2. 中间 3. 匍匐	直立
5	茎秆颜色	1. 绿色 2. 浅红色 3. 红色 4. 紫红色 5. 紫色	绿色
6	茎部蜡粉	1. 无 2. 有	有
7	柱头色	1. 白色 2. 黄色 3. 浅紫色 4. 紫红色 5. 紫色	浅紫色
8	花药色	1. 白色 2. 黄色 3. 浅紫色 4. 紫红色 5. 紫色	黄色
9	苞状鞘颜色	1. 绿色 2. 浅红色 3. 红色 4. 紫红色 5. 紫色	绿色
10	幼果颜色	1. 绿色 2. 浅红色 3. 红色 4. 紫红色 5. 紫色	绿色
11	总苞颜色（果壳色）	1. 白色 2. 黄白色 3. 黄色 4. 灰色 5. 棕色 6. 深棕色 7. 蓝色 8. 褐色 9. 深褐色 10. 黑色	黄白色
12	总苞形状	1. 卵圆形 2. 近圆柱形 3. 椭圆形 4. 近圆形	椭圆形
13	总苞质地	1. 珐琅质 2. 甲壳质	甲壳质
14	种仁色	1. 白色 2. 浅黄色 3. 棕色 4. 红色	浅黄色
15	熟性	1. 特早熟 2. 早熟 3. 中熟 4. 晚熟 5. 特晚熟	晚熟
16	胚乳类型	1. 粳性 2. 糯性	糯性

26. 黑薏米

植物学分类： 薏米（变种）*C. chinensis* var. *chinensis* Tod.

种质资源库编号： ZI000401

资源类型： 地方品种

来源： 湖南省

用途： 粒用，种仁食用或作为药材、保健品等的原料。

特征特性： 在贵州兴义种植，生育期 170 d 左右；根系发达，株型直立，株高 200.8 cm，着粒层 141.0 cm，主茎粗 11.5 mm，分蘖数 4.2 个，主茎节数 12 节，分枝节位为第 4 节；苗期芽鞘和叶鞘均为紫色，幼苗叶片绿色；开花期柱头紫红色，花药黄色，幼果和苞状鞘均为绿色；成熟期总苞褐色或深褐色、甲壳质地，具纵长条纹和喙，粒长 7.64 mm，粒宽 5.83 mm，百粒重 8.08 g；种仁浅黄色，胚乳糯性。

形态测试特征

序号	性状	状态描述	测量值
1	芽鞘色	1. 浅黄色 2. 绿色 3. 紫色	紫色
2	叶鞘色	1. 白色 2. 绿色 3. 紫色	紫色
3	幼苗叶色	1. 绿色 2. 红色 3. 紫色	绿色
4	幼苗生长习性	1. 直立 2. 中间 3. 匍匐	直立
5	茎秆颜色	1. 绿色 2. 浅红色 3. 红色 4. 紫红色 5. 紫色	绿色
6	茎部蜡粉	1. 无 2. 有	有
7	柱头色	1. 白色 2. 黄色 3. 浅紫色 4. 紫红色 5. 紫色	紫红色
8	花药色	1. 白色 2. 黄色 3. 浅紫色 4. 紫红色 5. 紫色	黄色
9	苞状鞘颜色	1. 绿色 2. 浅红色 3. 红色 4. 紫红色 5. 紫色	绿色
10	幼果颜色	1. 绿色 2. 浅红色 3. 红色 4. 紫红色 5. 紫色	绿色
11	总苞颜色 （果壳色）	1. 白色 2. 黄白色 3. 黄色 4. 灰色 5. 棕色 6. 深棕色 7. 蓝色 8. 褐色 9. 深褐色 10. 黑色	褐色
12	总苞形状	1. 卵圆形 2. 近圆柱形 3. 椭圆形 4. 近圆形	椭圆形
13	总苞质地	1. 珐琅质 2. 甲壳质	甲壳质
14	种仁色	1. 白色 2. 浅黄色 3. 棕色 4. 红色	浅黄色
15	熟性	1. 特早熟 2. 早熟 3. 中熟 4. 晚熟 5. 特晚熟	晚熟
16	胚乳类型	1. 粳性 2. 糯性	糯性

27. 幸福野生薏苡

植物学分类：薏苡（变种）*C. lacryma-jobi var. lacryma-jobi*

种质资源库编号：无

资源类型：野生资源

来源：湖南省

用途：籽粒可做串珠等工艺品，茎叶可做青贮饲料。

特征特性：在贵州兴义种植，生育期约 155 d；根系发达，分蘖性和再生性强；苗期芽鞘和叶鞘均为紫色，幼苗叶片绿色；开花期柱头紫红色，花药黄色，苞状鞘绿色；灌浆期茎秆浅红色且具蜡粉；成熟期总苞棕色或深褐色、珐琅质地、卵圆形，表面具光泽和喙，百粒重 19.89 g。

形态测试特征

序号	性状	状态描述	测量值
1	芽鞘色	1. 浅黄色　2. 绿色　3. 紫色	紫色
2	叶鞘色	1. 白色　2. 绿色　3. 紫色	紫色
3	幼苗叶色	1. 绿色　2. 红色　3. 紫色	绿色
4	幼苗生长习性	1. 直立　2. 中间　3. 匍匐	中间
5	茎秆颜色	1. 绿色　2. 浅红色　3. 红色　4. 紫红色　5. 紫色	浅红色
6	茎部蜡粉	1. 无　2. 有	有
7	柱头色	1. 白色　2. 黄色　3. 浅紫色　4. 紫红色　5. 紫色	紫红色
8	花药色	1. 白色　2. 黄色　3. 浅紫色　4. 紫红色　5. 紫色	黄色
9	苞状鞘颜色	1. 绿色　2. 浅红色　3. 红色　4. 紫红色　5. 紫色	绿色
10	幼果颜色	1. 绿色　2. 浅红色　3. 红色　4. 紫红色　5. 紫色	绿色
11	总苞颜色（果壳色）	1. 白色　2. 黄白色　3. 黄色　4. 灰色　5. 棕色　6. 深棕色　7. 蓝色　8. 褐色　9. 深褐色　10. 黑色	棕色
12	总苞形状	1. 卵圆形　2. 近圆柱形　3. 椭圆形　4. 近圆形	卵圆形
13	总苞质地	1. 珐琅质　2. 甲壳质	珐琅质
14	种仁色	1. 白色　2. 浅黄色　3. 棕色　4. 红色	浅黄色
15	熟性	1. 特早熟　2. 早熟　3. 中熟　4. 晚熟　5. 特晚熟	中熟
16	胚乳类型	1. 粳性　2. 糯性	粳性

28. 尿珠子

植物学分类：薏苡（变种）*C. lacryma-jobi* var. *lacryma-jobi*

种质资源库编号：无

资源类型：野生资源

来源：湖南省

用途：籽粒可做串珠等工艺品，茎叶可做青贮饲料。

特征特性：在贵州兴义种植，生育期约 160 d；根系发达，分蘖性和再生性强；苗期芽鞘和叶鞘均为紫色，幼苗叶片绿色；开花期柱头紫红色，花药黄色，苞状鞘绿色；灌浆期茎秆略带浅红色；成熟期总苞棕色或褐色、珐琅质地、卵圆形，表面有光泽，具喙。

形态测试特征

序号	性状	状态描述	测量值
1	芽鞘色	1. 浅黄色 2. 绿色 3. 紫色	紫色
2	叶鞘色	1. 白色 2. 绿色 3. 紫色	紫色
3	幼苗叶色	1. 绿色 2. 红色 3. 紫色	绿色
4	幼苗生长习性	1. 直立 2. 中间 3. 匍匐	直立
5	茎秆颜色	1. 绿色 2. 浅红色 3. 红色 4. 紫红色 5. 紫色	浅红色
6	茎部蜡粉	1. 无 2. 有	有
7	柱头色	1. 白色 2. 黄色 3. 浅紫色 4. 紫红色 5. 紫色	紫红色
8	花药色	1. 白色 2. 黄色 3. 浅紫色 4. 紫红色 5. 紫色	黄色
9	苞状鞘颜色	1. 绿色 2. 浅红色 3. 红色 4. 紫红色 5. 紫色	绿色
10	幼果颜色	1. 绿色 2. 浅红色 3. 红色 4. 紫红色 5. 紫色	绿色
11	总苞颜色（果壳色）	1. 白色 2. 黄白色 3. 黄色 4. 灰色 5. 棕色 6. 深棕色 7. 蓝色 8. 褐色 9. 深褐色 10. 黑色	棕色
12	总苞形状	1. 卵圆形 2. 近圆柱形 3. 椭圆形 4. 近圆形	卵圆形
13	总苞质地	1. 珐琅质 2. 甲壳质	珐琅质
14	种仁色	1. 白色 2. 浅黄色 3. 棕色 4. 红色	红色
15	熟性	1. 特早熟 2. 早熟 3. 中熟 4. 晚熟 5. 特晚熟	中熟
16	胚乳类型	1. 粳性 2. 糯性	粳性

5mm

29. 龙潭溪野生薏苡

植物学分类：薏苡（变种）*C. lacryma-jobi* var. *lacryma-jobi*
种质资源库编号：无
资源类型：野生资源
来源：湖南省
用途：籽粒可做串珠等工艺品，茎叶可做青贮饲料。
特征特性：在贵州兴义种植，生育期 165 ~ 175 d；根系发达，分蘖性和再生性强；苗期芽鞘和叶鞘均为紫色，幼苗叶片绿色；开花期柱头紫红色，花药黄色，苞状鞘绿色；成熟期总苞棕色或褐色、珐琅质地、近圆形，表面有光泽，无喙。

形态测试特征

序号	性状	状态描述	测量值
1	芽鞘色	1.浅黄色 2.绿色 3.紫色	紫色
2	叶鞘色	1.白色 2.绿色 3.紫色	紫色
3	幼苗叶色	1.绿色 2.红色 3.紫色	绿色
4	幼苗生长习性	1.直立 2.中间 3.匍匐	直立
5	茎秆颜色	1.绿色 2.浅红色 3.红色 4.紫红色 5.紫色	浅红色
6	茎部蜡粉	1.无 2.有	有
7	柱头色	1.白色 2.黄色 3.浅紫色 4.紫红色 5.紫色	紫红色
8	花药色	1.白色 2.黄色 3.浅紫色 4.紫红色 5.紫色	黄色
9	苞状鞘颜色	1.绿色 2.浅红色 3.红色 4.紫红色 5.紫色	绿色
10	幼果颜色	1.绿色 2.浅红色 3.红色 4.紫红色 5.紫色	绿色
11	总苞颜色（果壳色）	1.白色 2.黄白色 3.黄色 4.灰色 5.棕色 6.深棕色 7.蓝色 8.褐色 9.深褐色 10.黑色	棕色
12	总苞形状	1.卵圆形 2.近圆柱形 3.椭圆形 4.近圆形	近圆形
13	总苞质地	1.珐琅质 2.甲壳质	珐琅质
14	种仁色	1.白色 2.浅黄色 3.棕色 4.红色	浅黄色
15	熟性	1.特早熟 2.早熟 3.中熟 4.晚熟 5.特晚熟	晚熟
16	胚乳类型	1.粳性 2.糯性	粳性

30. 临湘土薏米

植物学分类： 薏苡（变种）*C. lacryma-jobi* var. *lacryma-jobi*

种质资源库编号： 无

资源类型： 野生资源

来源： 湖南省

用途： 籽粒可做串珠等工艺品，茎叶可做青贮饲料。

特征特性： 在贵州兴义种植，生育期约 165 d；根系发达，分蘖性和再生性强；苗期芽鞘和叶鞘均为紫色，幼苗叶片绿色；开花期柱头紫红色，花药黄色，苞状鞘绿色；灌浆期茎秆红色且具白色蜡粉；成熟期总苞棕色或褐色、珐琅质地、卵圆形，表面有光泽，无喙，百粒重 16.61 g。

形态测试特征

序号	性状	状态描述	测量值
1	芽鞘色	1. 浅黄色 2. 绿色 3. 紫色	紫色
2	叶鞘色	1. 白色 2. 绿色 3. 紫色	紫色
3	幼苗叶色	1. 绿色 2. 红色 3. 紫色	绿色
4	幼苗生长习性	1. 直立 2. 中间 3. 匍匐	直立
5	茎秆颜色	1. 绿色 2. 浅红色 3. 红色 4. 紫红色 5. 紫色	红色
6	茎部蜡粉	1. 无 2. 有	有
7	柱头色	1. 白色 2. 黄色 3. 浅紫色 4. 紫红色 5. 紫色	紫红色
8	花药色	1. 白色 2. 黄色 3. 浅紫色 4. 紫红色 5. 紫色	黄色
9	苞状鞘颜色	1. 绿色 2. 浅红色 3. 红色 4. 紫红色 5. 紫色	绿色
10	幼果颜色	1. 绿色 2. 浅红色 3. 红色 4. 紫红色 5. 紫色	绿色
11	总苞颜色（果壳色）	1. 白色 2. 黄白色 3. 黄色 4. 灰色 5. 棕色 6. 深棕色 7. 蓝色 8. 褐色 9. 深褐色 10. 黑色	棕色
12	总苞形状	1. 卵圆形 2. 近圆柱形 3. 椭圆形 4. 近圆形	卵圆形
13	总苞质地	1. 珐琅质 2. 甲壳质	珐琅质
14	种仁色	1. 白色 2. 浅黄色 3. 棕色 4. 红色	浅黄色
15	熟性	1. 特早熟 2. 早熟 3. 中熟 4. 晚熟 5. 特晚熟	晚熟
16	胚乳类型	1. 粳性 2. 糯性	粳性

5mm

31. 农林野生薏苡

植物学分类：薏苡（变种）*C. lacryma-jobi* var. *lacryma-jobi*
种质资源库编号：无
资源类型：野生资源
来源：湖南省
用途：籽粒可做串珠等工艺品，茎叶可做青贮饲料。
特征特性：在贵州兴义种植，生育期约 160 d，晚熟；根系发达，分蘖性和再生性强；苗期芽鞘和叶鞘均为紫色，幼苗叶片绿色；开花期柱头紫色，花药黄色，苞状鞘绿色，茎秆绿色且具白色蜡粉；成熟期总苞棕色或褐色、珐琅质地、卵圆形，表面有光泽，无喙，百粒重 19.55 g。

形态测试特征

序号	性状	状态描述	测量值
1	芽鞘色	1. 浅黄色　2. 绿色　3. 紫色	紫色
2	叶鞘色	1. 白色　2. 绿色　3. 紫色	紫色
3	幼苗叶色	1. 绿色　2. 红色　3. 紫色	绿色
4	幼苗生长习性	1. 直立　2. 中间　3. 匍匐	直立
5	茎秆颜色	1. 绿色　2. 浅红色　3. 红色　4. 紫红色　5. 紫色	绿色
6	茎部蜡粉	1. 无　2. 有	有
7	柱头色	1. 白色　2. 黄色　3. 浅紫色　4. 紫红色　5. 紫色	紫色
8	花药色	1. 白色　2. 黄色　3. 浅紫色　4. 紫红色　5. 紫色	黄色
9	苞状鞘颜色	1. 绿色　2. 浅红色　3. 红色　4. 紫红色　5. 紫色	绿色
10	幼果颜色	1. 绿色　2. 浅红色　3. 红色　4. 紫红色　5. 紫色	绿色
11	总苞颜色 （果壳色）	1. 白色　2. 黄白色　3. 黄色　4. 灰色　5. 棕色　6. 深棕色 7. 蓝色　8. 褐色　9. 深褐色　10. 黑色	棕色
12	总苞形状	1. 卵圆形　2. 近圆柱形　3. 椭圆形　4. 近圆形	卵圆形
13	总苞质地	1. 珐琅质　2. 甲壳质	珐琅质
14	种仁色	1. 白色　2. 浅黄色　3. 棕色　4. 红色	红色
15	熟性	1. 特早熟　2. 早熟　3. 中熟　4. 晚熟　5. 特晚熟	晚熟
16	胚乳类型	1. 粳性　2. 糯性	粳性

5mm

32. 车西野生薏苡

植物学分类： 薏苡（变种）*C. lacryma-jobi var. lacryma-jobi*
种质资源库编号： 无
资源类型： 野生资源
来源： 湖南省
用途： 籽粒可做串珠等工艺品，茎叶可做青贮饲料。
特征特性： 在贵州兴义种植，生育期 160～170 d，晚熟；根系发达，分蘖性和再生性强；苗期芽鞘和叶鞘均为紫色，幼苗叶片绿色；开花期柱头紫红色，花药黄色，苞状鞘绿色，茎秆紫色且具白色蜡粉；成熟期总苞棕色或褐色、珐琅质地、卵圆形，表面有光泽，无喙，百粒重 19.51 g。

形态测试特征

序号	性状	状态描述	测量值
1	芽鞘色	1.浅黄色 2.绿色 3.紫色	紫色
2	叶鞘色	1.白色 2.绿色 3.紫色	紫色
3	幼苗叶色	1.绿色 2.红色 3.紫色	绿色
4	幼苗生长习性	1.直立 2.中间 3.匍匐	直立
5	茎秆颜色	1.绿色 2.浅红色 3.红色 4.紫红色 5.紫色	紫色
6	茎部蜡粉	1.无 2.有	有
7	柱头色	1.白色 2.黄色 3.浅紫色 4.紫红色 5.紫色	紫红色
8	花药色	1.白色 2.黄色 3.浅紫色 4.紫红色 5.紫色	黄色
9	苞状鞘颜色	1.绿色 2.浅红色 3.红色 4.紫红色 5.紫色	绿色
10	幼果颜色	1.绿色 2.浅红色 3.红色 4.紫红色 5.紫色	绿色
11	总苞颜色（果壳色）	1.白色 2.黄白色 3.黄色 4.灰色 5.棕色 6.深棕色 7.蓝色 8.褐色 9.深褐色 10.黑色	棕色
12	总苞形状	1.卵圆形 2.近圆柱形 3.椭圆形 4.近圆形	卵圆形
13	总苞质地	1.珐琅质 2.甲壳质	珐琅质
14	种仁色	1.白色 2.浅黄色 3.棕色 4.红色	浅黄色
15	熟性	1.特早熟 2.早熟 3.中熟 4.晚熟 5.特晚熟	晚熟
16	胚乳类型	1.粳性 2.糯性	粳性

33. 石龙薏苡

植物学分类：薏苡（变种）*C. lacryma-jobi* var. *lacryma-jobi*
种质资源库编号：无
资源类型：野生资源
来源：湖南省
用途：籽粒可做串珠等工艺品，茎叶可做青贮饲料。
特征特性：在贵州兴义种植，生育期约 170 d，晚熟；根系发达，分蘖性和再生性强；苗期芽鞘和叶鞘均为紫色，幼苗叶片绿色；开花期柱头紫红色，花药黄色，苞状鞘绿色，茎秆绿色且具白色蜡粉；成熟期总苞棕色或褐色、珐琅质地、卵圆形，表面有光泽，无喙，百粒重 14.21 g。

形态测试特征

序号	性状	状态描述	测量值
1	芽鞘色	1. 浅黄色 2. 绿色 3. 紫色	紫色
2	叶鞘色	1. 白色 2. 绿色 3. 紫色	紫色
3	幼苗叶色	1. 绿色 2. 红色 3. 紫色	绿色
4	幼苗生长习性	1. 直立 2. 中间 3. 匍匐	匍匐
5	茎秆颜色	1. 绿色 2. 浅红色 3. 红色 4. 紫红色 5. 紫色	绿色
6	茎部蜡粉	1. 无 2. 有	有
7	柱头色	1. 白色 2. 黄色 3. 浅紫色 4. 紫红色 5. 紫色	紫红色
8	花药色	1. 白色 2. 黄色 3. 浅紫色 4. 紫红色 5. 紫色	黄色
9	苞状鞘颜色	1. 绿色 2. 浅红色 3. 红色 4. 紫红色 5. 紫色	绿色
10	幼果颜色	1. 绿色 2. 浅红色 3. 红色 4. 紫红色 5. 紫色	绿色
11	总苞颜色（果壳色）	1. 白色 2. 黄白色 3. 黄色 4. 灰色 5. 棕色 6. 深棕色 7. 蓝色 8. 褐色 9. 深褐色 10. 黑色	棕色
12	总苞形状	1. 卵圆形 2. 近圆柱形 3. 椭圆形 4. 近圆形	卵圆形
13	总苞质地	1. 珐琅质 2. 甲壳质	珐琅质
14	种仁色	1. 白色 2. 浅黄色 3. 棕色 4. 红色	浅黄色
15	熟性	1. 特早熟 2. 早熟 3. 中熟 4. 晚熟 5. 特晚熟	晚熟
16	胚乳类型	1. 粳性 2. 糯性	粳性

34. 芭蕉山薏苡

植物学分类：薏苡（变种）*C. lacryma-jobi var. lacryma-jobi*

种质资源库编号：无

资源类型：野生资源

来源：湖南省

用途：籽粒可做串珠等工艺品，茎叶可做青贮饲料。

特征特性：在贵州兴义种植，生育期 167 d 左右，晚熟；根系发达，分蘖性和再生性强；苗期芽鞘和叶鞘和幼苗叶片均为紫色；开花期柱头紫红色，花药黄色，苞状鞘绿色，茎秆绿色且具白色蜡粉；成熟期总苞棕色或褐色、珐琅质地、卵圆形，表面有光泽，无喙，百粒重 19.88 g。

形态测试特征

序号	性状	状态描述	测量值
1	芽鞘色	1. 浅黄色 2. 绿色 3. 紫色	紫色
2	叶鞘色	1. 白色 2. 绿色 3. 紫色	紫色
3	幼苗叶色	1. 绿色 2. 红色 3. 紫色	紫色
4	幼苗生长习性	1. 直立 2. 中间 3. 匍匐	直立
5	茎秆颜色	1. 绿色 2. 浅红色 3. 红色 4. 紫红色 5. 紫色	绿色
6	茎部蜡粉	1. 无 2. 有	有
7	柱头色	1. 白色 2. 黄色 3. 浅紫色 4. 紫红色 5. 紫色	紫红色
8	花药色	1. 白色 2. 黄色 3. 浅紫色 4. 紫红色 5. 紫色	黄色
9	苞状鞘颜色	1. 绿色 2. 浅红色 3. 红色 4. 紫红色 5. 紫色	绿色
10	幼果颜色	1. 绿色 2. 浅红色 3. 红色 4. 紫红色 5. 紫色	绿色
11	总苞颜色（果壳色）	1. 白色 2. 黄白色 3. 黄色 4. 灰色 5. 棕色 6. 深棕色 7. 蓝色 8. 褐色 9. 深褐色 10. 黑色	棕色
12	总苞形状	1. 卵圆形 2. 近圆柱形 3. 椭圆形 4. 近圆形	卵圆形
13	总苞质地	1. 珐琅质 2. 甲壳质	珐琅质
14	种仁色	1. 白色 2. 浅黄色 3. 棕色 4. 红色	浅黄色
15	熟性	1. 特早熟 2. 早熟 3. 中熟 4. 晚熟 5. 特晚熟	晚熟
16	胚乳类型	1. 粳性 2. 糯性	粳性

35. 大和野生薏苡

植物学分类：薏苡（变种）*C. lacryma-jobi var. lacryma-jobi*
种质资源库编号：无
资源类型：野生资源
来源：湖南省
用途：籽粒可做串珠等工艺品，茎叶可做青贮饲料。
特征特性：在贵州兴义种植，生育期 167 d 左右，晚熟；根系发达，分蘖性和再生性强；苗期芽鞘和叶鞘均为紫色，幼苗叶片绿色；开花期柱头紫红色，花药黄色，苞状鞘和幼果均为绿色，茎秆绿色且具白色蜡粉；成熟期总苞棕色或褐色、珐琅质地、卵圆形，表面有光泽，无喙，百粒重 21.36 g。

形态测试特征

序号	性状	状态描述	测量值
1	芽鞘色	1. 浅黄色 2. 绿色 3. 紫色	紫色
2	叶鞘色	1. 白色 2. 绿色 3. 紫色	紫色
3	幼苗叶色	1. 绿色 2. 红色 3. 紫色	绿色
4	幼苗生长习性	1. 直立 2. 中间 3. 匍匐	匍匐
5	茎秆颜色	1. 绿色 2. 浅红色 3. 红色 4. 紫红色 5. 紫色	绿色
6	茎部蜡粉	1. 无 2. 有	有
7	柱头色	1. 白色 2. 黄色 3. 浅紫色 4. 紫红色 5. 紫色	紫红色
8	花药色	1. 白色 2. 黄色 3. 浅紫色 4. 紫红色 5. 紫色	黄色
9	苞状鞘颜色	1. 绿色 2. 浅红色 3. 红色 4. 紫红色 5. 紫色	绿色
10	幼果颜色	1. 绿色 2. 浅红色 3. 红色 4. 紫红色 5. 紫色	绿色
11	总苞颜色（果壳色）	1. 白色 2. 黄白色 3. 黄色 4. 灰色 5. 棕色 6. 深棕色 7. 蓝色 8. 褐色 9. 深褐色 10. 黑色	棕色
12	总苞形状	1. 卵圆形 2. 近圆柱形 3. 椭圆形 4. 近圆形	卵圆形
13	总苞质地	1. 珐琅质 2. 甲壳质	珐琅质
14	种仁色	1. 白色 2. 浅黄色 3. 棕色 4. 红色	红色
15	熟性	1. 特早熟 2. 早熟 3. 中熟 4. 晚熟 5. 特晚熟	晚熟
16	胚乳类型	1. 粳性 2. 糯性	粳性

5mm

36. 通山薏苡

植物学分类：薏苡（变种）*C. lacryma-jobi var. lacryma-jobi*

种质资源库编号：无

资源类型：野生资源

来源：湖北省

用途：籽粒可做串珠等工艺品，茎叶可做青贮饲料。

特征特性：在贵州兴义种植，生育期 155 d 左右，中熟；根系发达，分蘖性和再生性强；苗期芽鞘和叶鞘均为紫色，幼苗叶片绿色；开花期柱头紫红色，花药黄色，苞状鞘和幼果均为绿色，茎秆绿色且具白色蜡粉；成熟期总苞棕色、珐琅质地、卵圆形，表面有光泽，无喙，百粒重 21.77 g。

形态测试特征

序号	性状	状态描述	测量值
1	芽鞘色	1. 浅黄色　2. 绿色　3. 紫色	紫色
2	叶鞘色	1. 白色　2. 绿色　3. 紫色	紫色
3	幼苗叶色	1. 绿色　2. 红色　3. 紫色	绿色
4	幼苗生长习性	1. 直立　2. 中间　3. 匍匐	中间
5	茎秆颜色	1. 绿色　2. 浅红色　3. 红色　4. 紫红色　5. 紫色	绿色
6	茎部蜡粉	1. 无　2. 有	有
7	柱头色	1. 白色　2. 黄色　3. 浅紫色　4. 紫红色　5. 紫色	紫红色
8	花药色	1. 白色　2. 黄色　3. 浅紫色　4. 紫红色　5. 紫色	黄色
9	苞状鞘颜色	1. 绿色　2. 浅红色　3. 红色　4. 紫红色　5. 紫色	绿色
10	幼果颜色	1. 绿色　2. 浅红色　3. 红色　4. 紫红色　5. 紫色	绿色
11	总苞颜色（果壳色）	1. 白色　2. 黄白色　3. 黄色　4. 灰色　5. 棕色　6. 深棕色　7. 蓝色　8. 褐色　9. 深褐色　10. 黑色	棕色
12	总苞形状	1. 卵圆形　2. 近圆柱形　3. 椭圆形　4. 近圆形	卵圆形
13	总苞质地	1. 珐琅质　2. 甲壳质	珐琅质
14	种仁色	1. 白色　2. 浅黄色　3. 棕色　4. 红色	浅黄色
15	熟性	1. 特早熟　2. 早熟　3. 中熟　4. 晚熟　5. 特晚熟	中熟
16	胚乳类型	1. 粳性　2. 糯性	粳性

中国薏苡属分类及
种质资源图鉴　　The Taxonomy and Illustrated Germplasm Resources of
Job's Tears (Coix L.) in China　　106

5mm

37. 谷城薏苡 -2

植物学分类： 薏苡（变种）*C. lacryma-jobi var. lacryma-jobi*
种质资源库编号： 无
资源类型： 野生资源
来源： 湖北省
用途： 籽粒可做串珠等工艺品，茎叶可做青贮饲料。
特征特性： 在贵州兴义种植，生育期 145～150 d，中熟；根系发达，分蘖性和再生性强；苗期芽鞘和叶鞘均为紫色，幼苗叶片绿色，分蘖夹角大，匍匐；开花期柱头紫红色，花药黄色，苞状鞘和幼果均为绿色，茎秆绿色且具白色蜡粉；成熟期总苞棕色、珐琅质地、卵圆形，表面有光泽，无喙，百粒重 19.54 g。

形态测试特征

序号	性状	状态描述	测量值
1	芽鞘色	1. 浅黄色　2. 绿色　3. 紫色	紫色
2	叶鞘色	1. 白色　2. 绿色　3. 紫色	紫色
3	幼苗叶色	1. 绿色　2. 红色　3. 紫色	绿色
4	幼苗生长习性	1. 直立　2. 中间　3. 匍匐	匍匐
5	茎秆颜色	1. 绿色　2. 浅红色　3. 红色　4. 紫红色　5. 紫色	绿色
6	茎部蜡粉	1. 无　2. 有	有
7	柱头色	1. 白色　2. 黄色　3. 浅紫色　4. 紫红色　5. 紫色	紫红色
8	花药色	1. 白色　2. 黄色　3. 浅紫色　4. 紫红色　5. 紫色	黄色
9	苞状鞘颜色	1. 绿色　2. 浅红色　3. 红色　4. 紫红色　5. 紫色	绿色
10	幼果颜色	1. 绿色　2. 浅红色　3. 红色　4. 紫红色　5. 紫色	绿色
11	总苞颜色（果壳色）	1. 白色　2. 黄白色　3. 黄色　4. 灰色　5. 棕色　6. 深棕色　7. 蓝色　8. 褐色　9. 深褐色　10. 黑色	棕色
12	总苞形状	1. 卵圆形　2. 近圆柱形　3. 椭圆形　4. 近圆形	卵圆形
13	总苞质地	1. 珐琅质　2. 甲壳质	珐琅质
14	种仁色	1. 白色　2. 浅黄色　3. 棕色　4. 红色	棕色
15	熟性	1. 特早熟　2. 早熟　3. 中熟　4. 晚熟　5. 特晚熟	中熟
16	胚乳类型	1. 粳性　2. 糯性	粳性

5mm

38. 红安薏苡

植物学分类：薏苡（变种）*C. lacryma-jobi* var. *lacryma-jobi*

种质资源库编号：无

资源类型：野生资源

来源：湖北省

用途：籽粒可做串珠等工艺品，茎叶可做青贮饲料。

特征特性：在贵州兴义种植，生育期 145 d 左右，中熟；根系发达，分蘖性和再生性强；苗期芽鞘和叶鞘均为紫色，幼苗叶片绿色，分蘖夹角大，匍匐；开花期柱头紫色，花药黄色，苞状鞘和幼果均为绿色，茎秆绿色且具白色蜡粉；成熟期总苞棕色、珐琅质地、卵圆形，表面有光泽，无喙。

形态测试特征

序号	性状	状态描述	测量值
1	芽鞘色	1. 浅黄色 2. 绿色 3. 紫色	紫色
2	叶鞘色	1. 白色 2. 绿色 3. 紫色	紫色
3	幼苗叶色	1. 绿色 2. 红色 3. 紫色	绿色
4	幼苗生长习性	1. 直立 2. 中间 3. 匍匐	匍匐
5	茎秆颜色	1. 绿色 2. 浅红色 3. 红色 4. 紫红色 5. 紫色	绿色
6	茎部蜡粉	1. 无 2. 有	有
7	柱头色	1. 白色 2. 黄色 3. 浅紫色 4. 紫红色 5. 紫色	紫色
8	花药色	1. 白色 2. 黄色 3. 浅紫色 4. 紫红色 5. 紫色	黄色
9	苞状鞘颜色	1. 绿色 2. 浅红色 3. 红色 4. 紫红色 5. 紫色	绿色
10	幼果颜色	1. 绿色 2. 浅红色 3. 红色 4. 紫红色 5. 紫色	绿色
11	总苞颜色（果壳色）	1. 白色 2. 黄白色 3. 黄色 4. 灰色 5. 棕色 6. 深棕色 7. 蓝色 8. 褐色 9. 深褐色 10. 黑色	棕色
12	总苞形状	1. 卵圆形 2. 近圆柱形 3. 椭圆形 4. 近圆形	卵圆形
13	总苞质地	1. 珐琅质 2. 甲壳质	珐琅质
14	种仁色	1. 白色 2. 浅黄色 3. 棕色 4. 红色	浅黄色
15	熟性	1. 特早熟 2. 早熟 3. 中熟 4. 晚熟 5. 特晚熟	中熟
16	胚乳类型	1. 粳性 2. 糯性	粳性

5mm

39. 黄梅薏苡 -1

植物学分类：薏苡（变种）*C. lacryma-jobi var. lacryma-jobi*
种质资源库编号：无
资源类型：野生资源
来源：湖北省
用途：籽粒可做串珠等工艺品，茎叶可做青贮饲料。
特征特性：在贵州兴义种植，生育期 140 d 左右，中熟；根系发达，分蘖性和再生性强；苗期芽鞘和叶鞘均为紫色，幼苗叶片绿色，分蘖夹角大，匍匐；开花期柱头紫红色，花药黄色，苞状鞘和幼果均为绿色，茎秆绿色且具白色蜡粉；成熟期总苞棕色、珐琅质地、卵圆形，表面有光泽，无喙，百粒重 21.77 g。

形态测试特征

序号	性状	状态描述	测量值
1	芽鞘色	1. 浅黄色 2. 绿色 3. 紫色	紫色
2	叶鞘色	1. 白色 2. 绿色 3. 紫色	紫色
3	幼苗叶色	1. 绿色 2. 红色 3. 紫色	绿色
4	幼苗生长习性	1. 直立 2. 中间 3. 匍匐	匍匐
5	茎秆颜色	1. 绿色 2. 浅红色 3. 红色 4. 紫红色 5. 紫色	绿色
6	茎部蜡粉	1. 无 2. 有	有
7	柱头色	1. 白色 2. 黄色 3. 浅紫色 4. 紫红色 5. 紫色	紫红色
8	花药色	1. 白色 2. 黄色 3. 浅紫色 4. 紫红色 5. 紫色	黄色
9	苞状鞘颜色	1. 绿色 2. 浅红色 3. 红色 4. 紫红色 5. 紫色	绿色
10	幼果颜色	1. 绿色 2. 浅红色 3. 红色 4. 紫红色 5. 紫色	绿色
11	总苞颜色（果壳色）	1. 白色 2. 黄白色 3. 黄色 4. 灰色 5. 棕色 6. 深棕色 7. 蓝色 8. 褐色 9. 深褐色 10. 黑色	棕色
12	总苞形状	1. 卵圆形 2. 近圆柱形 3. 椭圆形 4. 近圆形	卵圆形
13	总苞质地	1. 珐琅质 2. 甲壳质	珐琅质
14	种仁色	1. 白色 2. 浅黄色 3. 棕色 4. 红色	—
15	熟性	1. 特早熟 2. 早熟 3. 中熟 4. 晚熟 5. 特晚熟	中熟
16	胚乳类型	1. 粳性 2. 糯性	粳性

5mm

40. 广水薏苡 -2

植物学分类：薏苡（变种）*C. lacryma-jobi* var. *lacryma-jobi*

种质资源库编号：无

资源类型：野生资源

来源：湖北省

用途：籽粒可做串珠等工艺品，茎叶可做青贮饲料。

特征特性：在贵州兴义种植，生育期 140 ～ 147 d，中熟；根系发达，分蘖性和再生性强；苗期芽鞘和叶鞘均为紫色，幼苗叶片绿色，分蘖夹角大，匍匐；开花期柱头紫红色，花药黄色，苞状鞘和幼果均为绿色，茎秆紫红色且具白色蜡粉；成熟期总苞棕色或深褐色、珐琅质地、卵圆形，表面有光泽，无喙，百粒重 17.46 g。

形态测试特征

序号	性状	状态描述	测量值
1	芽鞘色	1. 浅黄色　2. 绿色　3. 紫色	紫色
2	叶鞘色	1. 白色　2. 绿色　3. 紫色	紫色
3	幼苗叶色	1. 绿色　2. 红色　3. 紫色	绿色
4	幼苗生长习性	1. 直立　2. 中间　3. 匍匐	匍匐
5	茎秆颜色	1. 绿色　2. 浅红色　3. 红色　4. 紫红色　5. 紫色	紫红色
6	茎部蜡粉	1. 无　2. 有	有
7	柱头色	1. 白色　2. 黄色　3. 浅紫色　4. 紫红色　5. 紫色	紫红色
8	花药色	1. 白色　2. 黄色　3. 浅紫色　4. 紫红色　5. 紫色	黄色
9	苞状鞘颜色	1. 绿色　2. 浅红色　3. 红色　4. 紫红色　5. 紫色	绿色
10	幼果颜色	1. 绿色　2. 浅红色　3. 红色　4. 紫红色　5. 紫色	绿色
11	总苞颜色（果壳色）	1. 白色　2. 黄白色　3. 黄色　4. 灰色　5. 棕色　6. 深棕色　7. 蓝色　8. 褐色　9. 深褐色　10. 黑色	棕色
12	总苞形状	1. 卵圆形　2. 近圆柱形　3. 椭圆形　4. 近圆形	卵圆形
13	总苞质地	1. 珐琅质　2. 甲壳质	珐琅质
14	种仁色	1. 白色　2. 浅黄色　3. 棕色　4. 红色	浅黄色
15	熟性	1. 特早熟　2. 早熟　3. 中熟　4. 晚熟　5. 特晚熟	中熟
16	胚乳类型	1. 粳性　2. 糯性	粳性

5mm

41. 停角籽

植物学分类：薏苡（变种）*C. lacryma-jobi var. lacryma-jobi*
种质资源库编号：无
资源类型：野生资源
来源：湖北省
用途：籽粒可做串珠等工艺品，茎叶可做青贮饲料。
特征特性：在贵州兴义种植，生育期 140 d 左右，中熟；根系发达，分蘖性和再生性强；苗期芽鞘和叶鞘均为紫色，幼苗叶片绿色，分蘖夹角大，匍匐；开花期柱头白色，花药黄色，苞状鞘和幼果均为绿色，茎秆绿色且具白色蜡粉；成熟期总苞棕色或褐色、珐琅质地、近圆形，表面有光泽，无喙，百粒重 36.68 g。

形态测试特征

序号	性状	状态描述	测量值
1	芽鞘色	1. 浅黄色　2. 绿色　3. 紫色	紫色
2	叶鞘色	1. 白色　2. 绿色　3. 紫色	紫色
3	幼苗叶色	1. 绿色　2. 红色　3. 紫色	绿色
4	幼苗生长习性	1. 直立　2. 中间　3. 匍匐	匍匐
5	茎秆颜色	1. 绿色　2. 浅红色　3. 红色　4. 紫红色　5. 紫色	绿色
6	茎部蜡粉	1. 无　2. 有	有
7	柱头色	1. 白色　2. 黄色　3. 浅紫色　4. 紫红色　5. 紫色	白色
8	花药色	1. 白色　2. 黄色　3. 浅紫色　4. 紫红色　5. 紫色	黄色
9	苞状鞘颜色	1. 绿色　2. 浅红色　3. 红色　4. 紫红色　5. 紫色	绿色
10	幼果颜色	1. 绿色　2. 浅红色　3. 红色　4. 紫红色　5. 紫色	绿色
11	总苞颜色 （果壳色）	1. 白色　2. 黄白色　3. 黄色　4. 灰色　5. 棕色　6. 深棕色　7. 蓝色　8. 褐色　9. 深褐色　10. 黑色	棕色
12	总苞形状	1. 卵圆形　2. 近圆柱形　3. 椭圆形　4. 近圆形	近圆形
13	总苞质地	1. 珐琅质　2. 甲壳质	珐琅质
14	种仁色	1. 白色　2. 浅黄色　3. 棕色　4. 红色	红色
15	熟性	1. 特早熟　2. 早熟　3. 中熟　4. 晚熟　5. 特晚熟	中熟
16	胚乳类型	1. 粳性　2. 糯性	粳性

5mm

42. 赣南薏米

植物学分类： 薏米（变种）*C. chinensis* var. *chinensis* Tod.
种质资源库编号： ZI000367
资源类型： 地方品种
来源： 江西省
用途： 粒用，种仁食用或作为药材、保健品等的原料。
特征特性： 在贵州兴义种植，生育期 163 d；株高 224.4 cm，着粒层 212.4 cm，主茎粗 13.5 mm，单株分蘖数平均 7.0 个，主茎节数 13 节，分枝节位为第 2 节；苗期芽鞘、叶鞘和幼苗叶片均为绿色；开花期柱头紫色，花药黄色，苞状鞘和幼果均为绿色，茎秆绿色且具白色蜡粉；成熟期总苞黄白色、甲壳质地，有纵长条纹和喙，粒长 9.52 mm，粒宽 5.63 mm，百粒重 7.77 g；种仁浅黄色，胚乳糯性。

形态测试特征

序号	性状	状态描述	测量值
1	芽鞘色	1. 浅黄色 2. 绿色 3. 紫色	绿色
2	叶鞘色	1. 白色 2. 绿色 3. 紫色	绿色
3	幼苗叶色	1. 绿色 2. 红色 3. 紫色	绿色
4	幼苗生长习性	1. 直立 2. 中间 3. 匍匐	直立
5	茎秆颜色	1. 绿色 2. 浅红色 3. 红色 4. 紫红色 5. 紫色	绿色
6	茎部蜡粉	1. 无 2. 有	有
7	柱头色	1. 白色 2. 黄色 3. 浅紫色 4. 紫红色 5. 紫色	紫色
8	花药色	1. 白色 2. 黄色 3. 浅紫色 4. 紫红色 5. 紫色	黄色
9	苞状鞘颜色	1. 绿色 2. 浅红色 3. 红色 4. 紫红色 5. 紫色	绿色
10	幼果颜色	1. 绿色 2. 浅红色 3. 红色 4. 紫红色 5. 紫色	绿色
11	总苞颜色（果壳色）	1. 白色 2. 黄白色 3. 黄色 4. 灰色 5. 棕色 6. 深棕色 7. 蓝色 8. 褐色 9. 深褐色 10. 黑色	黄白色
12	总苞形状	1. 卵圆形 2. 近圆柱形 3. 椭圆形 4. 近圆形	椭圆形
13	总苞质地	1. 珐琅质 2. 甲壳质	甲壳质
14	种仁色	1. 白色 2. 浅黄色 3. 棕色 4. 红色	浅黄色
15	熟性	1. 特早熟 2. 早熟 3. 中熟 4. 晚熟 5. 特晚熟	中熟
16	胚乳类型	1. 粳性 2. 糯性	糯性

43. 川紫薏苡

植物学分类： 薏米（变种）*C. chinensis* var. *chinensis* Tod.

种质资源库编号： ZI000302

资源类型： 地方品种

来源： 四川省

用途： 粒用，种仁食用或作为药材、保健品等的原料。

特征特性： 在贵州兴义种植，生育期 126 d；单株分蘖数平均 6.6 个，株高 127.4 cm，着粒层 107.2 cm，主茎粗 9.2 mm，主茎节数 8 节，分枝节位为第 2 节；苗期芽鞘和叶鞘均为紫色，幼苗叶片红色；开花期柱头、幼果和苞状鞘均紫红色，花药黄色，茎秆紫红色且具蜡粉；成熟期总苞褐色、甲壳质地、椭圆形，粒长 11.24 mm，粒宽 6.85 mm，百粒重 11.82 g。

形态测试特征

序号	性状	状态描述	测量值
1	芽鞘色	1. 浅黄色 2. 绿色 3. 紫色	紫色
2	叶鞘色	1. 白色 2. 绿色 3. 紫色	紫色
3	幼苗叶色	1. 绿色 2. 红色 3. 紫色	红色
4	幼苗生长习性	1. 直立 2. 中间 3. 匍匐	直立
5	茎秆颜色	1. 绿色 2. 浅红色 3. 红色 4. 紫红色 5. 紫色	紫红色
6	茎部蜡粉	1. 无 2. 有	有
7	柱头色	1. 白色 2. 黄色 3. 浅紫色 4. 紫红色 5. 紫色	紫红色
8	花药色	1. 白色 2. 黄色 3. 浅紫色 4. 紫红色 5. 紫色	黄色
9	苞状鞘颜色	1. 绿色 2. 浅红色 3. 红色 4. 紫红色 5. 紫色	紫红色
10	幼果颜色	1. 绿色 2. 浅红色 3. 红色 4. 紫红色 5. 紫色	紫红色
11	总苞颜色（果壳色）	1. 白色 2. 黄白色 3. 黄色 4. 灰色 5. 棕色 6. 深棕色 7. 蓝色 8. 褐色 9. 深褐色 10. 黑色	褐色
12	总苞形状	1. 卵圆形 2. 近圆柱形 3. 椭圆形 4. 近圆形	椭圆形
13	总苞质地	1. 珐琅质 2. 甲壳质	甲壳质
14	种仁色	1. 白色 2. 浅黄色 3. 棕色 4. 红色	红色
15	熟性	1. 特早熟 2. 早熟 3. 中熟 4. 晚熟 5. 特晚熟	特早熟
16	胚乳类型	1. 粳性 2. 糯性	糯性

44. 通江薏苡

植物学分类：薏米（变种）*C. chinensis* var. *chinensis* Tod.

种质资源库编号：ZI000369

资源类型：地方品种

来源：四川省

用途：粒用，种仁食用或作为药材、保健品等的原料。

特征特性：在贵州兴义种植，生育期 136 d；株高 161 cm，着粒层 151 cm，主茎粗 9.8 mm，分蘖数 6.8 个，主茎节数 10 节，分枝节位为第 2 节；苗期芽鞘、叶鞘和幼苗叶片均为绿色；开花期柱头浅红色，苞状鞘和幼果均为绿色，茎秆绿色且具蜡粉；成熟期总苞深褐色或黑色、甲壳质地、椭圆形，具纵长条纹和喙，粒长 9.63 mm，粒宽 5.89 mm，百粒重 10.89 g。

形态测试特征

序号	性状	状态描述	测量值
1	芽鞘色	1. 浅黄色 2. 绿色 3. 紫色	绿色
2	叶鞘色	1. 白色 2. 绿色 3. 紫色	绿色
3	幼苗叶色	1. 绿色 2. 红色 3. 紫色	绿色
4	幼苗生长习性	1. 直立 2. 中间 3. 匍匐	直立
5	茎秆颜色	1. 绿色 2. 浅红色 3. 红色 4. 紫红色 5. 紫色	绿色
6	茎部蜡粉	1. 无 2. 有	有
7	柱头色	1. 白色 2. 黄色 3. 浅紫色 4. 紫红色 5. 紫色	浅红色
8	花药色	1. 白色 2. 黄色 3. 浅紫色 4. 紫红色 5. 紫色	黄色
9	苞状鞘颜色	1. 绿色 2. 浅红色 3. 红色 4. 紫红色 5. 紫色	绿色
10	幼果颜色	1. 绿色 2. 浅红色 3. 红色 4. 紫红色 5. 紫色	绿色
11	总苞颜色（果壳色）	1. 白色 2. 黄白色 3. 黄色 4. 灰色 5. 棕色 6. 深棕色 7. 蓝色 8. 褐色 9. 深褐色 10. 黑色	黑色
12	总苞形状	1. 卵圆形 2. 近圆柱形 3. 椭圆形 4. 近圆形	椭圆形
13	总苞质地	1. 珐琅质 2. 甲壳质	甲壳质
14	种仁色	1. 白色 2. 浅黄色 3. 棕色 4. 红色	浅黄色
15	熟性	1. 特早熟 2. 早熟 3. 中熟 4. 晚熟 5. 特晚熟	中熟
16	胚乳类型	1. 粳性 2. 糯性	糯性

45. 仙薏 1 号

植物学分类： 薏米（变种）*C. chinensis* var. *chinensis* Tod.

种质资源库编号： ZI000375

资源类型： 地方品种

来源： 福建省

用途： 粒用，种仁食用或作为药材、保健品等的原料。

特征特性： 在贵州兴义种植，生育期 162 d；株高 270 cm，着粒层 180 cm，主茎粗 11.8 mm，单株分蘖数平均 5.0 个，主茎节数 13 节，分枝节位为第 6 节；苗期芽鞘、叶鞘和幼苗叶片均为绿色；开花期柱头白色，幼果和苞状鞘均为绿色，茎秆绿色且具蜡粉；成熟期总苞黄白色，甲壳质地、椭圆形，具喙和纵长条纹，粒长 11.14 mm，粒宽 12.44 mm，百粒重 9.52 g；种仁浅黄色，胚乳粳性。

形态测试特征

序号	性状	状态描述	测量值
1	芽鞘色	1. 浅黄色　2. 绿色　3. 紫色	绿色
2	叶鞘色	1. 白色　2. 绿色　3. 紫色	绿色
3	幼苗叶色	1. 绿色　2. 红色　3. 紫色	绿色
4	幼苗生长习性	1. 直立　2. 中间　3. 匍匐	直立
5	茎秆颜色	1. 绿色　2. 浅红色　3. 红色　4. 紫红色　5. 紫色	绿色
6	茎部蜡粉	1. 无　2. 有	有
7	柱头色	1. 白色　2. 黄色　3. 浅紫色　4. 紫红色　5. 紫色	白色
8	花药色	1. 白色　2. 黄色　3. 浅紫色　4. 紫红色　5. 紫色	黄色
9	苞状鞘颜色	1. 绿色　2. 浅红色　3. 红色　4. 紫红色　5. 紫色	绿色
10	幼果颜色	1. 绿色　2. 浅红色　3. 红色　4. 紫红色　5. 紫色	绿色
11	总苞颜色（果壳色）	1. 白色　2. 黄白色　3. 黄色　4. 灰色　5. 棕色　6. 深棕色　7. 蓝色　8. 褐色　9. 深褐色　10. 黑色	黄白色
12	总苞形状	1. 卵圆形　2. 近圆柱形　3. 椭圆形　4. 近圆形	椭圆形
13	总苞质地	1. 珐琅质　2. 甲壳质	甲壳质
14	种仁色	1. 白色　2. 浅黄色　3. 棕色　4. 红色	浅黄色
15	熟性	1. 特早熟　2. 早熟　3. 中熟　4. 晚熟　5. 特晚熟	中熟
16	胚乳类型	1. 粳性　2. 糯性	粳性

46. 仙薏 2 号

植物学分类：薏米（变种）*C. chinensis* var. *chinensis* Tod.

种质资源库编号：ZI000376

资源类型：地方品种

来源：福建省

用途：粒用，种仁食用或作为药材、保健品等的原料。

特征特性：在贵州兴义种植，生育期 164 d；株高 260 cm，着粒层 130 cm，主茎粗 11.4mm，单株分蘖数平均 4.2 个，主茎节数 14 节，分枝节位为第 7 节；苗期芽鞘、叶鞘和幼苗叶片均为紫色；开花期柱头和苞状鞘均为紫红色，花药黄色，幼果绿色，茎秆浅红色且具蜡粉；成熟期总苞黄白色、甲壳质地、椭圆形，具喙和纵长条纹，粒长 9.41 mm，粒宽 6.79 mm，百粒重 7.09g；种仁浅黄色，胚乳糯性。

形态测试特征

序号	性状	状态描述	测量值
1	芽鞘色	1. 浅黄色　2. 绿色　3. 紫色	紫色
2	叶鞘色	1. 白色　2. 绿色　3. 紫色	紫色
3	幼苗叶色	1. 绿色　2. 红色　3. 紫色	紫色
4	幼苗生长习性	1. 直立　2. 中间　3. 匍匐	中间
5	茎秆颜色	1. 绿色　2. 浅红色　3. 红色　4. 紫红色　5. 紫色	浅红色
6	茎部蜡粉	1. 无　2. 有	有
7	柱头色	1. 白色　2. 黄色　3. 浅紫色　4. 紫红色　5. 紫色	紫红色
8	花药色	1. 白色　2. 黄色　3. 浅紫色　4. 紫红色　5. 紫色	黄色
9	苞状鞘颜色	1. 绿色　2. 浅红色　3. 红色　4. 紫红色　5. 紫色	紫红色
10	幼果颜色	1. 绿色　2. 浅红色　3. 红色　4. 紫红色　5. 紫色	绿色
11	总苞颜色（果壳色）	1. 白色　2. 黄白色　3. 黄色　4. 灰色　5. 棕色　6. 深棕色　7. 蓝色　8. 褐色　9. 深褐色　10. 黑色	黄白色
12	总苞形状	1. 卵圆形　2. 近圆柱形　3. 椭圆形　4. 近圆形	椭圆形
13	总苞质地	1. 珐琅质　2. 甲壳质	甲壳质
14	种仁色	1. 白色　2. 浅黄色　3. 棕色　4. 红色	浅黄色
15	熟性	1. 特早熟　2. 早熟　3. 中熟　4. 晚熟　5. 特晚熟	中熟
16	胚乳类型	1. 粳性　2. 糯性	糯性

47. 浦城薏苡

植物学分类：薏米（变种）*C. chinensis* var. *chinensis* Tod.

种质资源库编号：ZI000383

资源类型：地方品种

来源：福建省

用途：粒用，种仁食用或作为药材、保健品等的原料。

特征特性：在贵州兴义种植，生育期 150 ~ 160 d；株高 180 cm，着粒层 130 cm，主茎粗 9.9 mm，单株分蘖数平均 4.0 个，主茎节数 11 节，分枝节位为第 5 节；苗期芽鞘、叶鞘和幼苗叶片均为绿色；开花期柱头浅紫色，幼果和苞状鞘均为绿色，茎秆绿色且具蜡粉；成熟期总苞黄白色、甲壳质地、椭圆形，具喙和纵长条纹，粒长 10.25 mm，粒宽 6.77 mm，百粒重 8.13 g；种仁浅黄色，胚乳糯性。

形态测试特征

序号	性状	状态描述	测量值
1	芽鞘色	1. 浅黄色　2. 绿色　3. 紫色	绿色
2	叶鞘色	1. 白色　2. 绿色　3. 紫色	绿色
3	幼苗叶色	1. 绿色　2. 红色　3. 紫色	绿色
4	幼苗生长习性	1. 直立　2. 中间　3. 匍匐	中间
5	茎秆颜色	1. 绿色　2. 浅红色　3. 红色　4. 紫红色　5. 紫色	绿色
6	茎部蜡粉	1. 无　2. 有	有
7	柱头色	1. 白色　2. 黄色　3. 浅紫色　4. 紫红色　5. 紫色	浅紫色
8	花药色	1. 白色　2. 黄色　3. 浅紫色　4. 紫红色　5. 紫色	黄色
9	苞状鞘颜色	1. 绿色　2. 浅红色　3. 红色　4. 紫红色　5. 紫色	绿色
10	幼果颜色	1. 绿色　2. 浅红色　3. 红色　4. 紫红色　5. 紫色	绿色
11	总苞颜色（果壳色）	1. 白色　2. 黄白色　3. 黄色　4. 灰色　5. 棕色　6. 深棕色　7. 蓝色　8. 褐色　9. 深褐色　10. 黑色	黄白色
12	总苞形状	1. 卵圆形　2. 近圆柱形　3. 椭圆形　4. 近圆形	椭圆形
13	总苞质地	1. 珐琅质　2. 甲壳质	甲壳质
14	种仁色	1. 白色　2. 浅黄色　3. 棕色　4. 红色	浅黄色
15	熟性	1. 特早熟　2. 早熟　3. 中熟　4. 晚熟　5. 特晚熟	中熟
16	胚乳类型	1. 粳性　2. 糯性	糯性

48. 宁化薏苡

植物学分类： 薏米（变种）*C. chinensis* var. *chinensis* Tod.
种质资源库编号： ZI000398
资源类型： 地方品种
来源： 福建省
用途： 粒用，种仁食用或作为药材、保健品等的原料。
特征特性： 在贵州兴义种植，生育期 165 d；株高 239.6 cm，着粒层 90.4 cm，主茎粗 10.1 mm，单株分蘖数平均 6.0 个，主茎节数 14 节，分枝节位为第 8 节；苗期芽鞘、叶鞘和幼苗叶片均为紫色；开花期柱头紫红色，幼果和苞状鞘均为红色，茎秆红色且具蜡粉；成熟期总苞黄白色、甲壳质地、椭圆形，具喙和纵长条纹，粒长 9.89 mm，粒宽 6.36 mm，百粒重 9.32 g；种仁浅黄色，胚乳粳性。

形态测试特征

序号	性状	状态描述	测量值
1	芽鞘色	1. 浅黄色　2. 绿色　3. 紫色	紫色
2	叶鞘色	1. 白色　2. 绿色　3. 紫色	紫色
3	幼苗叶色	1. 绿色　2. 红色　3. 紫色	紫色
4	幼苗生长习性	1. 直立　2. 中间　3. 匍匐	匍匐
5	茎秆颜色	1. 绿色　2. 浅红色　3. 红色　4. 紫红色　5. 紫色	红色
6	茎部蜡粉	1. 无　2. 有	有
7	柱头色	1. 白色　2. 黄色　3. 浅紫色　4. 紫红色　5. 紫色	紫红色
8	花药色	1. 白色　2. 黄色　3. 浅紫色　4. 紫红色　5. 紫色	黄色
9	苞状鞘颜色	1. 绿色　2. 浅红色　3. 红色　4. 紫红色　5. 紫色	红色
10	幼果颜色	1. 绿色　2. 浅红色　3. 红色　4. 紫红色　5. 紫色	红色
11	总苞颜色（果壳色）	1. 白色　2. 黄白色　3. 黄色　4. 灰色　5. 棕色　6. 深棕色　7. 蓝色　8. 褐色　9. 深褐色　10. 黑色	黄白色
12	总苞形状	1. 卵圆形　2. 近圆柱形　3. 椭圆形　4. 近圆形	椭圆形
13	总苞质地	1. 珐琅质　2. 甲壳质	甲壳质
14	种仁色	1. 白色　2. 浅黄色　3. 棕色　4. 红色	浅黄色
15	熟性	1. 特早熟　2. 早熟　3. 中熟　4. 晚熟　5. 特晚熟	中熟
16	胚乳类型	1. 粳性　2. 糯性	粳性

49. 浙江小粒

植物学分类：薏米（变种）*C. chinensis* var. *chinensis* Tod.

种质资源库编号：ZI000296

资源类型：地方品种

来源：浙江省

用途：粒用，种仁食用或作为药材、保健品等的原料。

特征特性：在贵州兴义种植，生育期 147 d；单窝（株）分蘖数 11 个，株高 245 cm，着粒层 135 cm，主茎粗 13.7 mm，主茎节数 14 节，分枝节位为第 7 节；苗期株型直立，芽鞘、叶鞘和幼苗叶片均为绿色；开花期柱头浅紫色，花药黄色，幼果和苞状鞘均为绿色；成熟期总苞黄白色、甲壳质地、椭圆形，粒长 9.04 mm，粒宽 7.72 mm，百粒重 7.02 g。

形态测试特征

序号	性状	状态描述	测量值
1	芽鞘色	1. 浅黄色　2. 绿色　3. 紫色	绿色
2	叶鞘色	1. 白色　2. 绿色　3. 紫色	绿色
3	幼苗叶色	1. 绿色　2. 红色　3. 紫色	绿色
4	幼苗生长习性	1. 直立　2. 中间　3. 匍匐	直立
5	茎秆颜色	1. 绿色　2. 浅红色　3. 红色　4. 紫红色　5. 紫色	绿色
6	茎部蜡粉	1. 无　2. 有	有
7	柱头色	1. 白色　2. 黄色　3. 浅紫色　4. 紫红色　5. 紫色	浅紫色
8	花药色	1. 白色　2. 黄色　3. 浅紫色　4. 紫红色　5. 紫色	黄色
9	苞状鞘颜色	1. 绿色　2. 浅红色　3. 红色　4. 紫红色　5. 紫色	绿色
10	幼果颜色	1. 绿色　2. 浅红色　3. 红色　4. 紫红色　5. 紫色	绿色
11	总苞颜色（果壳色）	1. 白色　2. 黄白色　3. 黄色　4. 灰色　5. 棕色　6.深棕色 7. 蓝色　8. 褐色　9. 深褐色　10. 黑色	黄白色
12	总苞形状	1. 卵圆形　2. 近圆柱形　3. 椭圆形　4. 近圆形	椭圆形
13	总苞质地	1. 珐琅质　2. 甲壳质	甲壳质
14	种仁色	1. 白色　2. 浅黄色　3. 棕色　4. 红色	浅黄色
15	熟性	1. 特早熟　2. 早熟　3. 中熟　4. 晚熟　5. 特晚熟	中熟
16	胚乳类型	1. 粳性　2. 糯性	糯性

50. 浙江大粒

植物学分类： 薏米（变种）*C. chinensis* var. *chinensis* Tod.
种质资源库编号： ZI000297
资源类型： 地方品种
来源： 浙江省
用途： 粒用，种仁食用或作为药材、保健品等的原料。
特征特性： 在贵州兴义种植，生育期 147 d；株高 208.4 cm，着粒层 138.4 cm，主茎粗 13.7 mm，单株分蘖数 12.2 个，主茎节数 12 节，分枝节位为第 5 节；苗期芽鞘、叶鞘和幼苗叶片均为绿色；开花期柱头白色，花药黄色，幼果和苞状鞘均为绿色；成熟期总苞黄白色、甲壳质地、椭圆形，粒长 9.54 mm，粒宽 6.97 mm，百粒重 8.90 g。

形态测试特征

序号	性状	状态描述	测量值
1	芽鞘色	1. 浅黄色 2. 绿色 3. 紫色	绿色
2	叶鞘色	1. 白色 2. 绿色 3. 紫色	绿色
3	幼苗叶色	1. 绿色 2. 红色 3. 紫色	绿色
4	幼苗生长习性	1. 直立 2. 中间 3. 匍匐	直立
5	茎秆颜色	1. 绿色 2. 浅红色 3. 红色 4. 紫红色 5. 紫色	绿色
6	茎部蜡粉	1. 无 2. 有	有
7	柱头色	1. 白色 2. 黄色 3. 浅紫色 4. 紫红色 5. 紫色	白色
8	花药色	1. 白色 2. 黄色 3. 浅紫色 4. 紫红色 5. 紫色	黄色
9	苞状鞘颜色	1. 绿色 2. 浅红色 3. 红色 4. 紫红色 5. 紫色	绿色
10	幼果颜色	1. 绿色 2. 浅红色 3. 红色 4. 紫红色 5. 紫色	绿色
11	总苞颜色（果壳色）	1. 白色 2. 黄白色 3. 黄色 4. 灰色 5. 棕色 6. 深棕色 7. 蓝色 8. 褐色 9. 深褐色 10. 黑色	黄白色
12	总苞形状	1. 卵圆形 2. 近圆柱形 3. 椭圆形 4. 近圆形	椭圆形
13	总苞质地	1. 珐琅质 2. 甲壳质	甲壳质
14	种仁色	1. 白色 2. 浅黄色 3. 棕色 4. 红色	浅黄色
15	熟性	1. 特早熟 2. 早熟 3. 中熟 4. 晚熟 5. 特晚熟	中熟
16	胚乳类型	1. 粳性 2. 糯性	糯性

51. 上沙米仁

植物学分类： 薏米（变种）*C. chinensis* var. *chinensis* Tod.

种质资源库编号： 无

资源类型： 地方品种

来源： 浙江省

用途： 粒用，种仁食用或作为药材、保健品等的原料。

特征特性： 在贵州兴义种植，生育期 153 ~ 160 d；根系发达，分蘖性较强，株高 230 ~ 240 cm；苗期芽鞘和叶鞘均为紫色，幼苗叶片绿色；开花期柱头紫红色，花药黄色，幼果和苞状鞘均略带浅红色；成熟期总苞黄白色、甲壳质地、椭圆形，具纵长条纹和喙。

形态测试特征

序号	性状	状态描述	测量值
1	芽鞘色	1. 浅黄色 2. 绿色 3. 紫色	紫色
2	叶鞘色	1. 白色 2. 绿色 3. 紫色	紫色
3	幼苗叶色	1. 绿色 2. 红色 3. 紫色	绿色
4	幼苗生长习性	1. 直立 2. 中间 3. 匍匐	中间
5	茎秆颜色	1. 绿色 2. 浅红色 3. 红色 4. 紫红色 5. 紫色	紫红色
6	茎部蜡粉	1. 无 2. 有	有
7	柱头色	1. 白色 2. 黄色 3. 浅紫色 4. 紫红色 5. 紫色	紫红色
8	花药色	1. 白色 2. 黄色 3. 浅紫色 4. 紫红色 5. 紫色	黄色
9	苞状鞘颜色	1. 绿色 2. 浅红色 3. 红色 4. 紫红色 5. 紫色	浅红色
10	幼果颜色	1. 绿色 2. 浅红色 3. 红色 4. 紫红色 5. 紫色	浅红色
11	总苞颜色（果壳色）	1. 白色 2. 黄白色 3. 黄色 4. 灰色 5. 棕色 6. 深棕色 7. 蓝色 8. 褐色 9. 深褐色 10. 黑色	黄白色
12	总苞形状	1. 卵圆形 2. 近圆柱形 3. 椭圆形 4. 近圆形	椭圆形
13	总苞质地	1. 珐琅质 2. 甲壳质	甲壳质
14	种仁色	1. 白色 2. 浅黄色 3. 棕色 4. 红色	浅黄色
15	熟性	1. 特早熟 2. 早熟 3. 中熟 4. 晚熟 5. 特晚熟	晚熟
16	胚乳类型	1. 粳性 2. 糯性	糯性

52. 缙云米仁

植物学分类： 薏米（变种）*C. chinensis* var. *chinensis* Tod.

种质资源库编号： 无

资源类型： 地方品种

来源： 浙江省

用途： 粒用，种仁食用或作为药材、保健品等的原料。

特征特性： 在贵州兴义种植，生育期 160 d 左右；根系发达，分蘖性较强，株高 240 cm 左右；苗期芽鞘和叶鞘均为紫色，幼苗叶片绿色；开花期柱头紫红色，花药黄色，幼果和苞状鞘均为绿色；成熟期总苞黄白色、甲壳质地、椭圆形，具纵长条纹和喙，百粒重 9.90 g。

形态测试特征

序号	性状	状态描述	测量值
1	芽鞘色	1. 浅黄色　2. 绿色　3. 紫色	紫色
2	叶鞘色	1. 白色　2. 绿色　3. 紫色	紫色
3	幼苗叶色	1. 绿色　2. 红色　3. 紫色	绿色
4	幼苗生长习性	1. 直立　2. 中间　3. 匍匐	直立
5	茎秆颜色	1. 绿色　2. 浅红色　3. 红色　4. 紫红色　5. 紫色	紫红色
6	茎部蜡粉	1. 无　2. 有	有
7	柱头色	1. 白色　2. 黄色　3. 浅紫色　4. 紫红色　5. 紫色	紫红色
8	花药色	1. 白色　2. 黄色　3. 浅紫色　4. 紫红色　5. 紫色	黄色
9	苞状鞘颜色	1. 绿色　2. 浅红色　3. 红色　4. 紫红色　5. 紫色	绿色
10	幼果颜色	1. 绿色　2. 浅红色　3. 红色　4. 紫红色　5. 紫色	绿色
11	总苞颜色（果壳色）	1. 白色　2. 黄白色　3. 黄色　4. 灰色　5. 棕色　6. 深棕色　7. 蓝色　8. 褐色　9. 深褐色　10. 黑色	黄白色
12	总苞形状	1. 卵圆形　2. 近圆柱形　3. 椭圆形　4. 近圆形	椭圆形
13	总苞质地	1. 珐琅质　2. 甲壳质	甲壳质
14	种仁色	1. 白色　2. 浅黄色　3. 棕色　4. 红色	浅黄色
15	熟性	1. 特早熟　2. 早熟　3. 中熟　4. 晚熟　5. 特晚熟	中熟
16	胚乳类型	1. 粳性　2. 糯性	糯性

53. 台湾红薏苡

植物学分类：薏米（变种）*C. chinensis* var. *chinensis* Tod.

种质资源库编号：ZI000386

资源类型：地方品种

来源：台湾地区

用途：粒用，种仁食用或作为药材、保健品等的原料。

特征特性：在贵州兴义种植，生育期 132 ~ 140 d；根系发达，分蘖性较强，平均株高 162.2 cm，着粒层长度平均 126.3 cm，单株分蘖数 4 ~ 6 个，主茎节数 10 ~ 12 节；苗期芽鞘和叶鞘均为紫色，幼苗叶片绿色；开花期柱头紫红色，花药黄色，幼果和苞状鞘均为绿色，茎秆绿色且具白色蜡粉；成熟期总苞褐色、甲壳质地、椭圆形，具纵长条纹和喙，百粒重 9.84 g；种仁红色，胚乳糯性。

形态测试特征

序号	性状	状态描述	测量值
1	芽鞘色	1. 浅黄色　2. 绿色　3. 紫色	紫色
2	叶鞘色	1. 白色　2. 绿色　3. 紫色	紫色
3	幼苗叶色	1. 绿色　2. 红色　3. 紫色	绿色
4	幼苗生长习性	1. 直立　2. 中间　3. 匍匐	直立
5	茎秆颜色	1. 绿色　2. 浅红色　3. 红色　4. 紫红色　5. 紫色	绿色
6	茎部蜡粉	1. 无　2. 有	有
7	柱头色	1. 白色　2. 黄色　3. 浅紫色　4. 紫红色　5. 紫色	紫红色
8	花药色	1. 白色　2. 黄色　3. 浅紫色　4. 紫红色　5. 紫色	黄色
9	苞状鞘颜色	1. 绿色　2. 浅红色　3. 红色　4. 紫红色　5. 紫色	绿色
10	幼果颜色	1. 绿色　2. 浅红色　3. 红色　4. 紫红色　5. 紫色	绿色
11	总苞颜色（果壳色）	1. 白色　2. 黄白色　3. 黄色　4. 灰色　5. 棕色　6. 深棕色　7. 蓝色　8. 褐色　9. 深褐色　10. 黑色	褐色
12	总苞形状	1. 卵圆形　2. 近圆柱形　3. 椭圆形　4. 近圆形	卵圆形
13	总苞质地	1. 珐琅质　2. 甲壳质	甲壳质
14	种仁色	1. 白色　2. 浅黄色　3. 棕色　4. 红色	红色
15	熟性	1. 特早熟　2. 早熟　3. 中熟　4. 晚熟　5. 特晚熟	中熟
16	胚乳类型	1. 粳性　2. 糯性	糯性

2 cm

5mm

54. 嘎洒大粒野生薏苡

植物学分类： 小珠薏苡（种）*C. puellarum* Balansa
种质资源库编号： ZI000285
资源类型： 野生资源
来源： 云南省西双版纳傣族自治州
用途： 籽粒可做串珠等工艺品，茎叶用作青饲料或青贮饲料。
特征特性： 在贵州兴义种植，根系发达，植株高大；生育期 233 d，特晚熟，晚播则不能正常结实；植株再生性强，生物量大，株高 340 cm 以上，单窝（株）分蘖数平均 20 个，主茎粗 17.3 mm；苗期芽鞘、叶鞘和幼苗叶片均为绿色；开花期柱头紫红色，花药黄色；成熟期总苞白色、珐琅质地、卵圆形，粒长 8.85 mm，粒宽 6.92 mm，百粒重 15.19 g。

形态测试特征

序号	性状	状态描述	测量值
1	芽鞘色	1. 浅黄色　2. 绿色　3. 紫色	绿色
2	叶鞘色	1. 白色　2. 绿色　3. 紫色	绿色
3	幼苗叶色	1. 绿色　2. 红色　3. 紫色	绿色
4	幼苗生长习性	1. 直立　2. 中间　3. 匍匐	直立
5	茎秆颜色	1. 绿色　2. 浅红色　3. 红色　4. 紫红色　5. 紫色	绿色
6	茎部蜡粉	1. 无　2. 有	有
7	柱头色	1. 白色　2. 黄色　3. 浅紫色　4. 紫红色　5. 紫色	紫红色
8	花药色	1. 白色　2. 黄色　3. 浅紫色　4. 紫红色　5. 紫色	黄色
9	苞状鞘颜色	1. 绿色　2. 浅红色　3. 红色　4. 紫红色　5. 紫色	绿色
10	幼果颜色	1. 绿色　2. 浅红色　3. 红色　4. 紫红色　5. 紫色	绿色
11	总苞颜色（果壳色）	1. 白色　2. 黄白色　3. 黄色　4. 灰色　5. 棕色　6. 深棕色　7. 蓝色　8. 褐色　9. 深褐色　10. 黑色	白色
12	总苞形状	1. 卵圆形　2. 近圆柱形　3. 椭圆形　4. 近圆形	卵圆形
13	总苞质地	1. 珐琅质　2. 甲壳质	珐琅质
14	种仁色	1. 白色　2. 浅黄色　3. 棕色　4. 红色	浅黄色
15	熟性	1. 特早熟　2. 早熟　3. 中熟　4. 晚熟　5. 特晚熟	特晚熟
16	胚乳类型	1. 粳性　2. 糯性	粳性

55. 嘎洒野生薏苡

植物学分类：小珠薏苡（种）*C. puellarum* Balansa
种质资源库编号：ZI000286
资源类型：野生资源
来源：云南省西双版纳傣族自治州
用途：籽粒可做串珠等工艺品，茎叶用作青饲料或青贮饲料。
特征特性：在贵州兴义种植，根系发达，植株高大；再生性和分蘖性强；生育期 234 d，特晚熟，晚播则不能正常结实；株高 350 cm，单窝（株）分蘖数 20 个以上。苗期芽鞘、叶鞘均为紫色，幼苗叶片绿色；开花期柱头紫红色，花药黄色，幼果绿色；成熟期总苞白色、具光泽、珐琅质地、卵圆形，粒长 6.91 mm，粒宽 5.16 mm，百粒重 6.89 g；种仁浅黄色，胚乳粳性。

形态测试特征

序号	性状	状态描述	测量值
1	芽鞘色	1. 浅黄色　2. 绿色　3. 紫色	紫色
2	叶鞘色	1. 白色　2. 绿色　3. 紫色	紫色
3	幼苗叶色	1. 绿色　2. 红色　3. 紫色	绿色
4	幼苗生长习性	1. 直立　2. 中间　3. 匍匐	直立
5	茎秆颜色	1. 绿色　2. 浅红色　3. 红色　4. 紫红色　5. 紫色	绿色
6	茎部蜡粉	1. 无　2. 有	有
7	柱头色	1. 白色　2. 黄色　3. 浅紫色　4. 紫红色　5. 紫色	紫红色
8	花药色	1. 白色　2. 黄色　3. 浅紫色　4. 紫红色　5. 紫色	黄色
9	苞状鞘颜色	1. 绿色　2. 浅红色　3. 红色　4. 紫红色　5. 紫色	绿色
10	幼果颜色	1. 绿色　2. 浅红色　3. 红色　4. 紫红色　5. 紫色	绿色
11	总苞颜色（果壳色）	1. 白色　2. 黄白色　3. 黄色　4. 灰色　5. 棕色　6. 深棕色　7. 蓝色　8. 褐色　9. 深褐色　10. 黑色	白色
12	总苞形状	1. 卵圆形　2. 近圆柱形　3. 椭圆形　4. 近圆形	卵圆形
13	总苞质地	1. 珐琅质　2. 甲壳质	珐琅质
14	种仁色	1. 白色　2. 浅黄色　3. 棕色　4. 红色	浅黄色
15	熟性	1. 特早熟　2. 早熟　3. 中熟　4. 晚熟　5. 特晚熟	特晚熟
16	胚乳类型	1. 粳性　2. 糯性	粳性

56. 巴达野生薏苡

植物学分类：小珠薏苡（种）*C. puellarum* Balansa
种质资源库编号：ZI000287
资源类型：野生资源
来源：云南省
用途：籽粒可做串珠等工艺品，茎叶用作青饲料或青贮饲料。
特征特性：在贵州兴义种植，生育期 223 d；根系发达，植株高大；再生性和分蘖性强，单窝分蘖数平均 10.8 个，株高 285 cm，着粒层 145 cm，主茎粗 15.4 mm，主茎节数 19 节，分枝节位为第 9 节；苗期芽鞘和叶鞘均为紫色，幼苗叶片绿色；开花期柱头紫红色，花药黄色，幼果绿色；成熟期总苞白色、珐琅质地、近圆形，粒长 4.84 mm，粒宽 5.87 mm，百粒重 7.05 g。

形态测试特征

序号	性状	状态描述	测量值
1	芽鞘色	1. 浅黄色　2. 绿色　3. 紫色	紫色
2	叶鞘色	1. 白色　2. 绿色　3. 紫色	紫色
3	幼苗叶色	1. 绿色　2. 红色　3. 紫色	绿色
4	幼苗生长习性	1. 直立　2. 中间　3. 匍匐	直立
5	茎秆颜色	1. 绿色　2. 浅红色　3. 红色　4. 紫红色　5. 紫色	绿色
6	茎部蜡粉	1. 无　2. 有	有
7	柱头色	1. 白色　2. 黄色　3. 浅紫色　4. 紫红色　5. 紫色	紫红色
8	花药色	1. 白色　2. 黄色　3. 浅紫色　4. 紫红色　5. 紫色	黄色
9	苞状鞘颜色	1. 绿色　2. 浅红色　3. 红色　4. 紫红色　5. 紫色	绿色
10	幼果颜色	1. 绿色　2. 浅红色　3. 红色　4. 紫红色　5. 紫色	绿色
11	总苞颜色（果壳色）	1. 白色　2. 黄白色　3. 黄色　4. 灰色　5. 棕色　6. 深棕色　7. 蓝色　8. 褐色　9. 深褐色　10. 黑色	白色
12	总苞形状	1. 卵圆形　2. 近圆柱形　3. 椭圆形　4. 近圆形	近圆形
13	总苞质地	1. 珐琅质　2. 甲壳质	珐琅质
14	种仁色	1. 白色　2. 浅黄色　3. 棕色　4. 红色	浅黄色
15	熟性	1. 特早熟　2. 早熟　3. 中熟　4. 晚熟　5. 特晚熟	特晚熟
16	胚乳类型	1. 粳性　2. 糯性	粳性

中国薏苡属分类及
种质资源图鉴　　The Taxonomy and Illustrated Germplasm Resources of
Job's Tears (*Coix* L.) in China　　146

57. 野生薏苡

植物学分类：薏苡（变种）*C. lacryma-jobi* var. *lacryma-jobi*
种质资源库编号：ZI000288
资源类型：野生资源
来源：云南省西双版纳傣族自治州
用途：籽粒可做串珠等工艺品，茎叶用作青饲料或青贮饲料。
特征特性：在贵州兴义种植，生育期 223 d，特晚熟；单窝分蘖数平均 12 个，株高 330 cm，主茎粗 15.3 mm；苗期芽鞘和叶鞘均为紫色，幼苗叶片绿色；开花期柱头紫红色，花药黄色；成熟期总苞棕色至深棕色、珐琅质地、卵圆形，粒长 9.47 mm，粒宽 5.87 mm，百粒重 12.35 g。

形态测试特征

序号	性状	状态描述	测量值
1	芽鞘色	1. 浅黄色　2. 绿色　3. 紫色	紫色
2	叶鞘色	1. 白色　2. 绿色　3. 紫色	紫色
3	幼苗叶色	1. 绿色　2. 红色　3. 紫色	绿色
4	幼苗生长习性	1. 直立　2. 中间　3. 匍匐	直立
5	茎秆颜色	1. 绿色　2. 浅红色　3. 红色　4. 紫红色　5. 紫色	绿色
6	茎部蜡粉	1. 无　2. 有	有
7	柱头色	1. 白色　2. 黄色　3. 浅紫色　4. 紫红色　5. 紫色	紫红色
8	花药色	1. 白色　2. 黄色　3. 浅紫色　4. 紫红色　5. 紫色	黄色
9	苞状鞘颜色	1. 绿色　2. 浅红色　3. 红色　4. 紫红色　5. 紫色	绿色
10	幼果颜色	1. 绿色　2. 浅红色　3. 红色　4. 紫红色　5. 紫色	绿色
11	总苞颜色（果壳色）	1. 白色　2. 黄白色　3. 黄色　4. 灰色　5. 棕色　6. 深棕色　7. 蓝色　8. 褐色　9. 深褐色　10. 黑色	深棕色
12	总苞形状	1. 卵圆形　2. 近圆柱形　3. 椭圆形　4. 近圆形	卵圆形
13	总苞质地	1. 珐琅质　2. 甲壳质	珐琅质
14	种仁色	1. 白色　2. 浅黄色　3. 棕色　4. 红色	浅黄色
15	熟性	1. 特早熟　2. 早熟　3. 中熟　4. 晚熟　5. 特晚熟	特晚熟
16	胚乳类型	1. 粳性　2. 糯性	粳性

58. 象明薏苡

植物学分类： 薏苡（变种）*C. lacryma-jobi* var. *lacryma-jobi*

种质资源库编号： ZI000289

资源类型： 野生资源

来源： 云南省西双版纳傣族自治州

用途： 籽粒可做串珠等工艺品，茎叶用作青饲料或青贮饲料。

特征特性： 在贵州兴义种植，根系发达，植株高大；生育期 223 d，特晚熟，晚播则不能正常结实；单窝（株）分蘖数平均 10.4 个，株高 330 cm 以上，主茎粗 15.6 mm；苗期芽鞘和叶鞘均为紫色，幼苗叶片绿色；开花期柱头紫色，花药黄色；成熟期总苞灰白色、珐琅质地、卵圆形，粒长 7.38 mm，粒宽 6.45 mm，百粒重 10.69 g。

形态测试特征

序号	性状	状态描述	测量值
1	芽鞘色	1. 浅黄色 2. 绿色 3. 紫色	紫色
2	叶鞘色	1. 白色 2. 绿色 3. 紫色	紫色
3	幼苗叶色	1. 绿色 2. 红色 3. 紫色	绿色
4	幼苗生长习性	1. 直立 2. 中间 3. 匍匐	直立
5	茎秆颜色	1. 绿色 2. 浅红色 3. 红色 4. 紫红色 5. 紫色	绿色
6	茎部蜡粉	1. 无 2. 有	有
7	柱头色	1. 白色 2. 黄色 3. 浅紫色 4. 紫红色 5. 紫色	紫色
8	花药色	1. 白色 2. 黄色 3. 浅紫色 4. 紫红色 5. 紫色	黄色
9	苞状鞘颜色	1. 绿色 2. 浅红色 3. 红色 4. 紫红色 5. 紫色	绿色
10	幼果颜色	1. 绿色 2. 浅红色 3. 红色 4. 紫红色 5. 紫色	绿色
11	总苞颜色（果壳色）	1. 白色 2. 黄白色 3. 黄色 4. 灰色 5. 棕色 6. 深棕色 7. 蓝色 8. 褐色 9. 深褐色 10. 黑色	灰白色
12	总苞形状	1. 卵圆形 2. 近圆柱形 3. 椭圆形 4. 近圆形	卵圆形
13	总苞质地	1. 珐琅质 2. 甲壳质	珐琅质
14	种仁色	1. 白色 2. 浅黄色 3. 棕色 4. 红色	浅黄色
15	熟性	1. 特早熟 2. 早熟 3. 中熟 4. 晚熟 5. 特晚熟	特晚熟
16	胚乳类型	1. 粳性 2. 糯性	粳性

59. 嘎洒野生薏苡 2 号

植物学分类：薏苡（变种）*C. lacryma-jobi var. lacryma-jobi*
种质资源库编号：ZI000290
资源类型：野生资源
来源：云南省
用途：籽粒可做串珠等工艺品，茎叶用作青饲料或青贮饲料。
特征特性：在贵州兴义种植，根系发达，植株高大；生育期 223 d，特晚熟；单窝（株）分蘖数平均 10.4 个，株高 330 cm，主茎粗 15.6 mm；苗期芽鞘和叶鞘均为紫色，幼苗叶片绿色；开花期柱头紫红色，花药黄色，幼果绿色；成熟期总苞棕色、具光泽、珐琅质地、卵圆形，粒长 7.15 mm，粒宽 6.56 mm，百粒重 14.38 g。

形态测试特征

序号	性状	状态描述	测量值
1	芽鞘色	1. 浅黄色　2. 绿色　3. 紫色	紫色
2	叶鞘色	1. 白色　2. 绿色　3. 紫色	紫色
3	幼苗叶色	1. 绿色　2. 红色　3. 紫色	绿色
4	幼苗生长习性	1. 直立　2. 中间　3. 匍匐	直立
5	茎秆颜色	1. 绿色　2. 浅红色　3. 红色　4. 紫红色　5. 紫色	绿色
6	茎部蜡粉	1. 无　2. 有	有
7	柱头色	1. 白色　2. 黄色　3. 浅紫色　4. 紫红色　5. 紫色	紫红色
8	花药色	1. 白色　2. 黄色　3. 浅紫色　4. 紫红色　5. 紫色	黄色
9	苞状鞘颜色	1. 绿色　2. 浅红色　3. 红色　4. 紫红色　5. 紫色	绿色
10	幼果颜色	1. 绿色　2. 浅红色　3. 红色　4. 紫红色　5. 紫色	绿色
11	总苞颜色（果壳色）	1. 白色　2. 黄白色　3. 黄色　4. 灰色　5. 棕色　6. 深棕色　7. 蓝色　8. 褐色　9. 深褐色　10. 黑色	棕色
12	总苞形状	1. 卵圆形　2. 近圆柱形　3. 椭圆形　4. 近圆形	卵圆形
13	总苞质地	1. 珐琅质　2. 甲壳质	珐琅质
14	种仁色	1. 白色　2. 浅黄色　3. 棕色　4. 红色	浅黄色
15	熟性	1. 特早熟　2. 早熟　3. 中熟　4. 晚熟　5. 特晚熟	特晚熟
16	胚乳类型	1. 粳性　2. 糯性	粳性

60. 嘎洒野生薏苡 3 号

植物学分类： 薏苡（变种）*C. lacryma-jobi* var. *lacryma-jobi*
种质资源库编号： ZI000291
资源类型： 野生资源
来源： 云南省西双版纳傣族自治州
用途： 籽粒可做串珠等工艺品，茎叶用作青饲料或青贮饲料。
特征特性： 在贵州兴义种植，根系发达，植株高大；生育期 223 d，特晚熟，晚播则不能正常结实；单窝分蘖数平均 9.2 个，株高 330 cm，主茎粗 16.1 mm；苗期芽鞘和叶鞘均为紫色，幼苗叶片绿色；开花期柱头紫红色，花药黄色；成熟期总苞棕色至深棕色、珐琅质地、卵圆形，粒长 9.55 mm，粒宽 6.20 mm，百粒重 12.61 g 左右。

形态测试特征

序号	性状	状态描述	测量值
1	芽鞘色	1. 浅黄色 2. 绿色 3. 紫色	紫色
2	叶鞘色	1. 白色 2. 绿色 3. 紫色	紫色
3	幼苗叶色	1. 绿色 2. 红色 3. 紫色	绿色
4	幼苗生长习性	1. 直立 2. 中间 3. 匍匐	直立
5	茎秆颜色	1. 绿色 2. 浅红色 3. 红色 4. 紫红色 5. 紫色	绿色
6	茎部蜡粉	1. 无 2. 有	有
7	柱头色	1. 白色 2. 黄色 3. 浅紫色 4. 紫红色 5. 紫色	紫红色
8	花药色	1. 白色 2. 黄色 3. 浅紫色 4. 紫红色 5. 紫色	黄色
9	苞状鞘颜色	1. 绿色 2. 浅红色 3. 红色 4. 紫红色 5. 紫色	绿色
10	幼果颜色	1. 绿色 2. 浅红色 3. 红色 4. 紫红色 5. 紫色	绿色
11	总苞颜色（果壳色）	1. 白色 2. 黄白色 3. 黄色 4. 灰色 5. 棕色 6. 深棕色 7. 蓝色 8. 褐色 9. 深褐色 10. 黑色	深棕色
12	总苞形状	1. 卵圆形 2. 近圆柱形 3. 椭圆形 4. 近圆形	卵圆形
13	总苞质地	1. 珐琅质 2. 甲壳质	珐琅质
14	种仁色	1. 白色 2. 浅黄色 3. 棕色 4. 红色	浅黄色
15	熟性	1. 特早熟 2. 早熟 3. 中熟 4. 晚熟 5. 特晚熟	特晚熟
16	胚乳类型	1. 粳性 2. 糯性	粳性

61. 嘎洒野生薏苡 4 号

植物学分类： 薏苡（变种）*C. lacryma-jobi* var. *lacryma-jobi*
种质资源库编号： ZI000292
资源类型： 野生资源
来源： 云南省
用途： 籽粒可做串珠等工艺品，茎叶用作青饲料或青贮饲料。
特征特性： 在贵州兴义种植，根系发达，植株高大；生育期 223 d，特晚熟；单窝分蘖数平均 12.6 个，株高 330 cm，主茎粗 15.7 mm；苗期芽鞘和叶鞘均为紫色，幼苗叶片绿色；开花期柱头紫红色，花药黄色；成熟期总苞深褐色、具光泽、珐琅质地、椭圆形，粒长 7.41 mm，粒宽 6.61 mm，百粒重 11.62 g。

形态测试特征

序号	性状	状态描述	测量值
1	芽鞘色	1. 浅黄色 2. 绿色 3. 紫色	紫色
2	叶鞘色	1. 白色 2. 绿色 3. 紫色	紫色
3	幼苗叶色	1. 绿色 2. 红色 3. 紫色	绿色
4	幼苗生长习性	1. 直立 2. 中间 3. 匍匐	直立
5	茎秆颜色	1. 绿色 2. 浅红色 3. 红色 4. 紫红色 5. 紫色	绿色
6	茎部蜡粉	1. 无 2. 有	有
7	柱头色	1. 白色 2. 黄色 3. 浅紫色 4. 紫红色 5. 紫色	紫红色
8	花药色	1. 白色 2. 黄色 3. 浅紫色 4. 紫红色 5. 紫色	黄色
9	苞状鞘颜色	1. 绿色 2. 浅红色 3. 红色 4. 紫红色 5. 紫色	绿色
10	幼果颜色	1. 绿色 2. 浅红色 3. 红色 4. 紫红色 5. 紫色	绿色
11	总苞颜色 （果壳色）	1. 白色 2. 黄白色 3. 黄色 4. 灰色 5. 棕色 6. 深棕色 7. 蓝色 8. 褐色 9. 深褐色 10. 黑色	深褐色
12	总苞形状	1. 卵圆形 2. 近圆柱形 3. 椭圆形 4. 近圆形	椭圆形
13	总苞质地	1. 珐琅质 2. 甲壳质	珐琅质
14	种仁色	1. 白色 2. 浅黄色 3. 棕色 4. 红色	浅黄色
15	熟性	1. 特早熟 2. 早熟 3. 中熟 4. 晚熟 5. 特晚熟	特晚熟
16	胚乳类型	1. 粳性 2. 糯性	粳性

62. 兰壳薏苡

植物学分类：薏米（变种）*C. chinensis* var. *chinensis* Tod.

种质资源库编号：ZI000293

资源类型：地方品种

来源：云南省西双版纳傣族自治州

用途：粒用或饲用；种仁食用或作为药材、保健品等的原料；茎叶可做青贮饲料。

特征特性：在贵州兴义种植，生育期 142 d；单窝分蘖数平均 5.8 个，株高 340 cm，着粒层 140 cm，主茎粗 16.8 mm，主茎节数第 17 节；苗期芽鞘和叶鞘均为紫色，幼苗叶片绿色；开花期柱头紫红色，花药黄色；成熟期总苞灰色或棕色、甲壳质地、椭圆形，粒长 9.61 mm，粒宽 7.51 mm，百粒重 14.01 g；种仁浅黄色，胚乳糯性。

形态测试特征

序号	性状	状态描述	测量值
1	芽鞘色	1. 浅黄色　2. 绿色　3. 紫色	紫色
2	叶鞘色	1. 白色　2. 绿色　3. 紫色	紫色
3	幼苗叶色	1. 绿色　2. 红色　3. 紫色	绿色
4	幼苗生长习性	1. 直立　2. 中间　3. 匍匐	直立
5	茎秆颜色	1. 绿色　2. 浅红色　3. 红色　4. 紫红色　5. 紫色	绿色
6	茎部蜡粉	1. 无　2. 有	有
7	柱头色	1. 白色　2. 黄色　3. 浅紫色　4. 紫红色　5. 紫色	紫红色
8	花药色	1. 白色　2. 黄色　3. 浅紫色　4. 紫红色　5. 紫色	黄色
9	苞状鞘颜色	1. 绿色　2. 浅红色　3. 红色　4. 紫红色　5. 紫色	绿色
10	幼果颜色	1. 绿色　2. 浅红色　3. 红色　4. 紫红色　5. 紫色	绿色
11	总苞颜色（果壳色）	1. 白色　2. 黄白色　3. 黄色　4. 灰色　5. 棕色　6. 深棕色　7. 蓝色　8. 褐色　9. 深褐色　10. 黑色	灰色
12	总苞形状	1. 卵圆形　2. 近圆柱形　3. 椭圆形　4. 近圆形	椭圆形
13	总苞质地	1. 珐琅质　2. 甲壳质	甲壳质
14	种仁色	1. 白色　2. 浅黄色　3. 棕色　4. 红色	浅黄色
15	熟性	1. 特早熟　2. 早熟　3. 中熟　4. 晚熟　5. 特晚熟	早熟
16	胚乳类型	1. 粳性　2. 糯性	糯性

63. 佛鑫 3 号

植物学分类：薏米（变种）*C. chinensis* var. *chinensis* Tod.
种质资源库编号：ZI000294
资源类型：地方品种
来源：云南省西双版纳傣族自治州
用途：粒用，种仁食用或作为药材、保健品等的原料。
特征特性：在贵州兴义种植，生育期 147 d；单窝分蘖数平均 4.8 个，株高 213.6 cm，着粒层164.4 cm，主茎粗 12.5 mm，主茎节数 11 节，分枝节位为第 3 节；苗期芽鞘、叶鞘和幼苗叶片均为绿色；开花期柱头紫红色，花药黄色；成熟期总苞黄白色、甲壳质地、椭圆形，粒长 9.71 mm，粒宽 6.91 mm，百粒重 9.13 g。

形态测试特征

序号	性状	状态描述	测量值
1	芽鞘色	1. 浅黄色 2. 绿色 3. 紫色	绿色
2	叶鞘色	1. 白色 2. 绿色 3. 紫色	绿色
3	幼苗叶色	1. 绿色 2. 红色 3. 紫色	绿色
4	幼苗生长习性	1. 直立 2. 中间 3. 匍匐	直立
5	茎秆颜色	1. 绿色 2. 浅红色 3. 红色 4. 紫红色 5. 紫色	绿色
6	茎部蜡粉	1. 无 2. 有	有
7	柱头色	1. 白色 2. 黄色 3. 浅紫色 4. 紫红色 5. 紫色	紫红色
8	花药色	1. 白色 2. 黄色 3. 浅紫色 4. 紫红色 5. 紫色	黄色
9	苞状鞘颜色	1. 绿色 2. 浅红色 3. 红色 4. 紫红色 5. 紫色	绿色
10	幼果颜色	1. 绿色 2. 浅红色 3. 红色 4. 紫红色 5. 紫色	绿色
11	总苞颜色（果壳色）	1. 白色 2. 黄白色 3. 黄色 4. 灰色 5. 棕色 6. 深棕色 7. 蓝色 8. 褐色 9. 深褐色 10. 黑色	黄白色
12	总苞形状	1. 卵圆形 2. 近圆柱形 3. 椭圆形 4. 近圆形	椭圆形
13	总苞质地	1. 珐琅质 2. 甲壳质	甲壳质
14	种仁色	1. 白色 2. 浅黄色 3. 棕色 4. 红色	浅黄色
15	熟性	1. 特早熟 2. 早熟 3. 中熟 4. 晚熟 5. 特晚熟	早熟
16	胚乳类型	1. 粳性 2. 糯性	糯性

64. 巴达栽培薏苡

植物学分类：薏米（变种）*C. chinensis* var. *chinensis* Tod.

种质资源库编号：ZI000295

资源类型：地方品种

来源：云南省西双版纳傣族自治州

用途：粒用，种仁食用或作为药材、保健品等的原料。

特征特性：在贵州兴义种植，生育期 137 d；单窝分蘖数平均 5.0 个，株高 121 cm，着粒层105 cm，主茎粗 10.5 mm，主茎节数 8 节，分枝节位为第 2 节；苗期芽鞘、叶鞘和幼苗叶片均为绿色；开花期柱头紫色，花药黄色；成熟期总苞具喙、褐色、甲壳质地、椭圆形，粒长 9.23 mm，粒宽 6.13 mm，百粒重 9.63 g；种仁红色，胚乳糯性。

形态测试特征

序号	性状	状态描述	测量值
1	芽鞘色	1. 浅黄色　2. 绿色　3. 紫色	绿色
2	叶鞘色	1. 白色　2. 绿色　3. 紫色	绿色
3	幼苗叶色	1. 绿色　2. 红色　3. 紫色	绿色
4	幼苗生长习性	1. 直立　2. 中间　3. 匍匐	直立
5	茎秆颜色	1. 绿色　2. 浅红色　3. 红色　4. 紫红色　5. 紫色	绿色
6	茎部蜡粉	1. 无　2. 有	有
7	柱头色	1. 白色　2. 黄色　3. 浅紫色　4. 紫红色　5. 紫色	紫色
8	花药色	1. 白色　2. 黄色　3. 浅紫色　4. 紫红色　5. 紫色	黄色
9	苞状鞘颜色	1. 绿色　2. 浅红色　3. 红色　4. 紫红色　5. 紫色	绿色
10	幼果颜色	1. 绿色　2. 浅红色　3. 红色　4. 紫红色　5. 紫色	绿色
11	总苞颜色（果壳色）	1. 白色　2. 黄白色　3. 黄色　4. 灰色　5. 棕色　6. 深棕色　7. 蓝色　8. 褐色　9. 深褐色　10. 黑色	褐色
12	总苞形状	1. 卵圆形　2. 近圆柱形　3. 椭圆形　4. 近圆形	椭圆形
13	总苞质地	1. 珐琅质　2. 甲壳质	甲壳质
14	种仁色	1. 白色　2. 浅黄色　3. 棕色　4. 红色	红色
15	熟性	1. 特早熟　2. 早熟　3. 中熟　4. 晚熟　5. 特晚熟	特早熟
16	胚乳类型	1. 粳性　2. 糯性	糯性

65. 罗平薏苡

植物学分类：薏米（变种）*C. chinensis* var. *chinensis* Tod.

种质资源库编号：ZI000322

资源类型：地方品种

来源：云南省罗平县

用途：粒用，种仁食用或作为药材、保健品等的原料。

特征特性：在贵州兴义种植，生育期 152 d；单窝分蘖数平均 6.6 个，株高 230 cm，着粒层 150 cm，主茎粗 12.6 mm，主茎节数 11 节，分枝节位为第 5 节；苗期芽鞘和叶鞘均为紫色，幼苗叶片绿色；开花期柱头紫红色，花药黄色；成熟期总苞黄白色、甲壳质地、椭圆形，粒长 9.16 mm，粒宽 6.41 mm，百粒重 9.37 g；种仁浅黄色，胚乳糯性。

形态测试特征

序号	性状	状态描述	测量值
1	芽鞘色	1. 浅黄色　2. 绿色　3. 紫色	紫色
2	叶鞘色	1. 白色　2. 绿色　3. 紫色	紫色
3	幼苗叶色	1. 绿色　2. 红色　3. 紫色	绿色
4	幼苗生长习性	1. 直立　2. 中间　3. 匍匐	直立
5	茎秆颜色	1. 绿色　2. 浅红色　3. 红色　4. 紫红色　5. 紫色	绿色
6	茎部蜡粉	1. 无　2. 有	有
7	柱头色	1. 白色　2. 黄色　3. 浅紫色　4. 紫红色　5. 紫色	紫红色
8	花药色	1. 白色　2. 黄色　3. 浅紫色　4. 紫红色　5. 紫色	黄色
9	苞状鞘颜色	1. 绿色　2. 浅红色　3. 红色　4. 紫红色　5. 紫色	绿色
10	幼果颜色	1. 绿色　2. 浅红色　3. 红色　4. 紫红色　5. 紫色	绿色
11	总苞颜色（果壳色）	1. 白色　2. 黄白色　3. 黄色　4. 灰色　5. 棕色　6. 深棕色　7. 蓝色　8. 褐色　9. 深褐色　10. 黑色	黄白色
12	总苞形状	1. 卵圆形　2. 近圆柱形　3. 椭圆形　4. 近圆形	椭圆形
13	总苞质地	1. 珐琅质　2. 甲壳质	甲壳质
14	种仁色	1. 白色　2. 浅黄色　3. 棕色　4. 红色	浅黄色
15	熟性	1. 特早熟　2. 早熟　3. 中熟　4. 晚熟　5. 特晚熟	早熟
16	胚乳类型	1. 粳性　2. 糯性	糯性

66. 六谷

植物学分类：薏米（变种）*C. chinensis* var. *chinensis* Tod.
种质资源库编号：ZI000323
资源类型：地方品种
来源：云南省
用途：粒用，种仁食用或作为药材、保健品等的原料。
特征特性：在贵州兴义种植，生育期 152 d；单窝分蘖数平均 5.8 个，株高 237 cm，着粒层 217 cm，主茎粗 13.6 mm，主茎节数 11 节，分枝节位为第 5 节；苗期芽鞘和叶鞘均为紫色，幼苗叶片绿色；开花期柱头紫红色，花药黄色，幼果紫红色；成熟期总苞深褐色或黑色、甲壳质地、椭圆形，具纵长条纹，粒长 9.22 mm，粒宽 6.36 mm，百粒重 8.46 g。

形态测试特征

序号	性状	状态描述	测量值
1	芽鞘色	1.浅黄色 2.绿色 3.紫色	紫色
2	叶鞘色	1.白色 2.绿色 3.紫色	紫色
3	幼苗叶色	1.绿色 2.红色 3.紫色	绿色
4	幼苗生长习性	1.直立 2.中间 3.匍匐	直立
5	茎秆颜色	1.绿色 2.浅红色 3.红色 4.紫红色 5.紫色	绿色
6	茎部蜡粉	1.无 2.有	有
7	柱头色	1.白色 2.黄色 3.浅紫色 4.紫红色 5.紫色	紫红色
8	花药色	1.白色 2.黄色 3.浅紫色 4.紫红色 5.紫色	黄色
9	苞状鞘颜色	1.绿色 2.浅红色 3.红色 4.紫红色 5.紫色	红色
10	幼果颜色	1.绿色 2.浅红色 3.红色 4.紫红色 5.紫色	紫红色
11	总苞颜色（果壳色）	1.白色 2.黄白色 3.黄色 4.灰色 5.棕色 6.深棕色 7.蓝色 8.褐色 9.深褐色 10.黑色	黑色
12	总苞形状	1.卵圆形 2.近圆柱形 3.椭圆形 4.近圆形	椭圆形
13	总苞质地	1.珐琅质 2.甲壳质	甲壳质
14	种仁色	1.白色 2.浅黄色 3.棕色 4.红色	浅黄色
15	熟性	1.特早熟 2.早熟 3.中熟 4.晚熟 5.特晚熟	早熟
16	胚乳类型	1.粳性 2.糯性	糯性

67. 糯六谷

植物学分类：薏米（变种）*C. chinensis* var. *chinensis* Tod.

种质资源库编号：ZI000324

资源类型：地方品种

来源：云南省

用途：粒用，种仁食用或作为药材、保健品等的原料。

特征特性：在贵州兴义种植，生育期 152 d；单窝分蘖数平均 5.0 个，株高 245 cm，着粒层 230 cm，主茎粗 14.3 mm，主茎节数 12 节，分枝节位为第 3 节；苗期芽鞘和叶鞘均为紫色，幼苗叶片绿色；开花期柱头紫红色，花药黄色，幼果绿色；成熟期总苞深褐色或黑色、甲壳质地、椭圆形，粒长 9.67 mm，粒宽 7.14 mm，百粒重 9.46 g。

形态测试特征

序号	性状	状态描述	测量值
1	芽鞘色	1. 浅黄色　2. 绿色　3. 紫色	紫色
2	叶鞘色	1. 白色　2. 绿色　3. 紫色	紫色
3	幼苗叶色	1. 绿色　2. 红色　3. 紫色	绿色
4	幼苗生长习性	1. 直立　2. 中间　3. 匍匐	直立
5	茎秆颜色	1. 绿色　2. 浅红色　3. 红色　4. 紫红色　5. 紫色	浅红色
6	茎部蜡粉	1. 无　2. 有	有
7	柱头色	1. 白色　2. 黄色　3. 浅紫色　4. 紫红色　5. 紫色	紫红色
8	花药色	1. 白色　2. 黄色　3. 浅紫色　4. 紫红色　5. 紫色	黄色
9	苞状鞘颜色	1. 绿色　2. 浅红色　3. 红色　4. 紫红色　5. 紫色	浅红色
10	幼果颜色	1. 绿色　2. 浅红色　3. 红色　4. 紫红色　5. 紫色	绿色
11	总苞颜色（果壳色）	1. 白色　2. 黄白色　3. 黄色　4. 灰色　5. 棕色　6. 深棕色　7. 蓝色　8. 褐色　9. 深褐色　10. 黑色	黑色
12	总苞形状	1. 卵圆形　2. 近圆柱形　3. 椭圆形　4. 近圆形	椭圆形
13	总苞质地	1. 珐琅质　2. 甲壳质	甲壳质
14	种仁色	1. 白色　2. 浅黄色　3. 棕色　4. 红色	浅黄色
15	熟性	1. 特早熟　2. 早熟　3. 中熟　4. 晚熟　5. 特晚熟	早熟
16	胚乳类型	1. 粳性　2. 糯性	糯性

68. 桥头六谷

植物学分类： 薏米（变种）*C. chinensis var. chinensis* Tod.
种质资源库编号： ZI000326
资源类型： 地方品种
来源： 云南省
用途： 粒用，种仁食用或作为药材、保健品等的原料。
特征特性： 在贵州兴义种植，生育期 152 d；单窝分蘖数平均 5.2 个，株高 215 cm，着粒层 205 cm，主茎粗 13.2 mm，主茎节数 10 节，分枝节位为第 2 节；苗期芽鞘和叶鞘均为紫色，幼苗叶片绿色；开花期柱头和幼果均为紫红色，花药黄色；成熟期总苞褐色或黑色、甲壳质地、椭圆形，粒长 9.48 mm，粒宽 6.20 mm，百粒重 9.24 g。

形态测试特征

序号	性状	状态描述	测量值
1	芽鞘色	1. 浅黄色　2. 绿色　3. 紫色	紫色
2	叶鞘色	1. 白色　2. 绿色　3. 紫色	紫色
3	幼苗叶色	1. 绿色　2. 红色　3. 紫色	绿色
4	幼苗生长习性	1. 直立　2. 中间　3. 匍匐	直立
5	茎秆颜色	1. 绿色　2. 浅红色　3. 红色　4. 紫红色　5. 紫色	绿色
6	茎部蜡粉	1. 无　2. 有	有
7	柱头色	1. 白色　2. 黄色　3. 浅紫色　4. 紫红色　5. 紫色	紫红色
8	花药色	1. 白色　2. 黄色　3. 浅紫色　4. 紫红色　5. 紫色	黄色
9	苞状鞘颜色	1. 绿色　2. 浅红色　3. 红色　4. 紫红色　5. 紫色	浅红色
10	幼果颜色	1. 绿色　2. 浅红色　3. 红色　4. 紫红色　5. 紫色	紫红色
11	总苞颜色（果壳色）	1. 白色　2. 黄白色　3. 黄色　4. 灰色　5. 棕色　6. 深棕色　7. 蓝色　8. 褐色　9. 深褐色　10. 黑色	黑色
12	总苞形状	1. 卵圆形　2. 近圆柱形　3. 椭圆形　4. 近圆形	椭圆形
13	总苞质地	1. 珐琅质　2. 甲壳质	甲壳质
14	种仁色	1. 白色　2. 浅黄色　3. 棕色　4. 红色	浅黄色
15	熟性	1. 特早熟　2. 早熟　3. 中熟　4. 晚熟　5. 特晚熟	早熟
16	胚乳类型	1. 粳性　2. 糯性	糯性

69. 铁六谷

植物学分类： 薏苡（变种）*C. lacryma-jobi* var. *lacryma-jobi*

种质资源库编号： Zl000329

资源类型： 野生资源

来源： 云南省

用途： 籽粒可做串珠等工艺品，根、茎可入药。

特征特性： 在贵州兴义种植，生育期 162 d；单窝分蘖数平均 4.2 个，株高 329 cm，着粒层 279 cm，主茎粗 16.2 mm，主茎节数 16 节，分枝节位为第 3 节；苗期芽鞘和叶鞘均为紫色，幼 苗叶片绿色；开花期柱头紫红色，花药黄色，幼果绿色；成熟期总苞褐色或深褐色、珐琅质地、卵 圆形，粒长 9.33 mm，粒宽 7.41 mm，百粒重 17.39 g。

形态测试特征

序号	性状	状态描述	测量值
1	芽鞘色	1. 浅黄色　2. 绿色　3. 紫色	紫色
2	叶鞘色	1. 白色　2. 绿色　3. 紫色	紫色
3	幼苗叶色	1. 绿色　2. 红色　3. 紫色	绿色
4	幼苗生长习性	1. 直立　2. 中间　3. 匍匐	直立
5	茎秆颜色	1. 绿色　2. 浅红色　3. 红色　4. 紫红色　5. 紫色	绿色
6	茎部蜡粉	1. 无　2. 有	有
7	柱头色	1. 白色　2. 黄色　3. 浅紫色　4. 紫红色　5. 紫色	紫红色
8	花药色	1. 白色　2. 黄色　3. 浅紫色　4. 紫红色　5. 紫色	黄色
9	苞状鞘颜色	1. 绿色　2. 浅红色　3. 红色　4. 紫红色　5. 紫色	绿色
10	幼果颜色	1. 绿色　2. 浅红色　3. 红色　4. 紫红色　5. 紫色	绿色
11	总苞颜色（果壳色）	1. 白色　2. 黄白色　3. 黄色　4. 灰色　5. 棕色　6. 深棕色　7. 蓝色　8. 褐色　9. 深褐色　10. 黑色	深褐色
12	总苞形状	1. 卵圆形　2. 近圆柱形　3. 椭圆形　4. 近圆形	卵圆形
13	总苞质地	1. 珐琅质　2. 甲壳质	珐琅质
14	种仁色	1. 白色　2. 浅黄色　3. 棕色　4. 红色	浅黄色
15	熟性	1. 特早熟　2. 早熟　3. 中熟　4. 晚熟　5. 特晚熟	中熟
16	胚乳类型	1. 粳性　2. 糯性	粳性

70. 数珠谷

植物学分类： 薏苡（变种）*C. lacryma-jobi var. lacryma-jobi*
种质资源库编号： ZI000330
资源类型： 野生资源
来源： 云南省
用途： 籽粒可做串珠等工艺品，茎叶可做青贮饲料。
特征特性： 在贵州兴义种植，生育期 162 d；根系发达，株型直立，单窝分蘖数平均 4.4 个，株高 320 cm，着粒层 260 cm，主茎粗 16.2 mm，主茎节数 7 节，分枝节位为第 2 节；苗期芽鞘和叶鞘均为紫色，幼苗叶片绿色；开花期柱头紫红色，花药黄色，幼果绿色；成熟期总苞褐色或深褐色、珐琅质地、卵圆形，粒长 8.78 mm，粒宽 7.83 mm，百粒重 14.91 g。

形态测试特征

序号	性状	状态描述	测量值
1	芽鞘色	1. 浅黄色 2. 绿色 3. 紫色	紫色
2	叶鞘色	1. 白色 2. 绿色 3. 紫色	紫色
3	幼苗叶色	1. 绿色 2. 红色 3. 紫色	绿色
4	幼苗生长习性	1. 直立 2. 中间 3. 匍匐	直立
5	茎秆颜色	1. 绿色 2. 浅红色 3. 红色 4. 紫红色 5. 紫色	绿色
6	茎部蜡粉	1. 无 2. 有	有
7	柱头色	1. 白色 2. 黄色 3. 浅紫色 4. 紫红色 5. 紫色	紫红色
8	花药色	1. 白色 2. 黄色 3. 浅紫色 4. 紫红色 5. 紫色	黄色
9	苞状鞘颜色	1. 绿色 2. 浅红色 3. 红色 4. 紫红色 5. 紫色	绿色
10	幼果颜色	1. 绿色 2. 浅红色 3. 红色 4. 紫红色 5. 紫色	绿色
11	总苞颜色（果壳色）	1. 白色 2. 黄白色 3. 黄色 4. 灰色 5. 棕色 6. 深棕色 7. 蓝色 8. 褐色 9. 深褐色 10. 黑色	深褐色
12	总苞形状	1. 卵圆形 2. 近圆柱形 3. 椭圆形 4. 近圆形	卵圆形
13	总苞质地	1. 珐琅质 2. 甲壳质	珐琅质
14	种仁色	1. 白色 2. 浅黄色 3. 棕色 4. 红色	浅黄色
15	熟性	1. 特早熟 2. 早熟 3. 中熟 4. 晚熟 5. 特晚熟	中熟
16	胚乳类型	1. 粳性 2. 糯性	粳性

71. 饭六谷

植物学分类： 薏米（变种）*C. chinensis* var. *chinensis* Tod.

种质资源库编号： ZI000333

资源类型： 地方品种

来源： 云南省

用途： 粒用，种仁食用或作为药材、保健品等的原料。

特征特性： 生育期 152 d；单窝分蘖数 4.4 个，株高 320 cm，着粒层 290 cm，主茎粗 16.8 mm，主茎节数 14 节，分枝节位为第 2 节；苗期芽鞘和叶鞘均为紫色，幼苗叶片绿色；开花期柱头紫红色，花药黄色，幼果绿色；成熟期总苞灰色或棕色、甲壳质地、近圆形，具纵长条纹，粒长 9.40 mm，粒宽 8.00 mm，百粒重 16.24 g。

形态测试特征

序号	性状	状态描述	测量值
1	芽鞘色	1. 浅黄色　2. 绿色　3. 紫色	紫色
2	叶鞘色	1. 白色　2. 绿色　3. 紫色	紫色
3	幼苗叶色	1. 绿色　2. 红色　3. 紫色	绿色
4	幼苗生长习性	1. 直立　2. 中间　3. 匍匐	直立
5	茎秆颜色	1. 绿色　2. 浅红色　3. 红色　4. 紫红色　5. 紫色	绿色
6	茎部蜡粉	1. 无　2. 有	有
7	柱头色	1. 白色　2. 黄色　3. 浅紫色　4. 紫红色　5. 紫色	紫红色
8	花药色	1. 白色　2. 黄色　3. 浅紫色　4. 紫红色　5. 紫色	黄色
9	苞状鞘颜色	1. 绿色　2. 浅红色　3. 红色　4. 紫红色　5. 紫色	绿色
10	幼果颜色	1. 绿色　2. 浅红色　3. 红色　4. 紫红色　5. 紫色	绿色
11	总苞颜色（果壳色）	1. 白色　2. 黄白色　3. 黄色　4. 灰色　5. 棕色　6. 深棕色　7. 蓝色　8. 褐色　9. 深褐色　10. 黑色	灰色
12	总苞形状	1. 卵圆形　2. 近圆柱形　3. 椭圆形　4. 近圆形	近圆形
13	总苞质地	1. 珐琅质　2. 甲壳质	甲壳质
14	种仁色	1. 白色　2. 浅黄色　3. 棕色　4. 红色	浅黄色
15	熟性	1. 特早熟　2. 早熟　3. 中熟　4. 晚熟　5. 特晚熟	早熟
16	胚乳类型	1. 粳性　2. 糯性	糯性

72. 糯六谷

植物学分类：薏米（变种）*C. chinensis* var. *chinensis* Tod.
种质资源库编号：ZI000334
资源类型：地方品种
来源：云南省
用途：粒用，种仁食用或作为药材、保健品等的原料。
特征特性：在贵州兴义种植，生育期 142 d；单株分蘖数平均 5.4 个，株高 246 cm，着粒层 96 cm，主茎粗 14.4 mm，主茎节数 8 节，分枝节位为第 4 节；苗期芽鞘、叶鞘和幼苗叶片均为紫色；开花期柱头紫红色，花药黄色，幼果绿色；成熟期总苞白色、甲壳质地、椭圆形，粒长 8.41 mm，粒宽 6.54 mm，百粒重 9.81 g。

形态测试特征

序号	性状	状态描述	测量值
1	芽鞘色	1. 浅黄色 2. 绿色 3. 紫色	紫色
2	叶鞘色	1. 白色 2. 绿色 3. 紫色	紫色
3	幼苗叶色	1. 绿色 2. 红色 3. 紫色	紫色
4	幼苗生长习性	1. 直立 2. 中间 3. 匍匐	直立
5	茎秆颜色	1. 绿色 2. 浅红色 3. 红色 4. 紫红色 5. 紫色	绿色
6	茎部蜡粉	1. 无 2. 有	有
7	柱头色	1. 白色 2. 黄色 3. 浅紫色 4. 紫红色 5. 紫色	紫红色
8	花药色	1. 白色 2. 黄色 3. 浅紫色 4. 紫红色 5. 紫色	黄色
9	苞状鞘颜色	1. 绿色 2. 浅红色 3. 红色 4. 紫红色 5. 紫色	绿色
10	幼果颜色	1. 绿色 2. 浅红色 3. 红色 4. 紫红色 5. 紫色	绿色
11	总苞颜色（果壳色）	1. 白色 2. 黄白色 3. 黄色 4. 灰色 5. 棕色 6. 深棕色 7. 蓝色 8. 褐色 9. 深褐色 10. 黑色	白色
12	总苞形状	1. 卵圆形 2. 近圆柱形 3. 椭圆形 4. 近圆形	椭圆形
13	总苞质地	1. 珐琅质 2. 甲壳质	甲壳质
14	种仁色	1. 白色 2. 浅黄色 3. 棕色 4. 红色	浅黄色
15	熟性	1. 特早熟 2. 早熟 3. 中熟 4. 晚熟 5. 特晚熟	早熟
16	胚乳类型	1. 粳性 2. 糯性	糯性

73. 旧腮六谷

植物学分类：薏米（变种）*C. chinensis* var. *chinensis* Tod.

种质资源库编号：ZI000336

资源类型：地方品种

来源：云南省

用途：粒用，种仁食用或作为药材、保健品等的原料。

特征特性：在贵州兴义种植，生育期 144 d；单窝分蘖数平均 4.8 个，株高 235 cm，着粒层 215 cm，主茎粗 15.6 mm，主茎节数 11 节，分枝节位为第 2 节；苗期芽鞘和叶鞘均为紫色，幼苗叶片绿色；开花期柱头紫红色，花药黄色，幼果绿色；成熟期总苞黑色、甲壳质地、椭圆形，粒长 8.56 mm，粒宽 6.41 mm，百粒重 8.28 g。

形态测试特征

序号	性状	状态描述	测量值
1	芽鞘色	1. 浅黄色　2. 绿色　3. 紫色	紫色
2	叶鞘色	1. 白色　2. 绿色　3. 紫色	紫色
3	幼苗叶色	1. 绿色　2. 红色　3. 紫色	绿色
4	幼苗生长习性	1. 直立　2. 中间　3. 匍匐	直立
5	茎秆颜色	1. 绿色　2. 浅红色　3. 红色　4. 紫红色　5. 紫色	绿色
6	茎部蜡粉	1. 无　2. 有	有
7	柱头色	1. 白色　2. 黄色　3. 浅紫色　4. 紫红色　5. 紫色	紫红色
8	花药色	1. 白色　2. 黄色　3. 浅紫色　4. 紫红色　5. 紫色	黄色
9	苞状鞘颜色	1. 绿色　2. 浅红色　3. 红色　4. 紫红色　5. 紫色	绿色
10	幼果颜色	1. 绿色　2. 浅红色　3. 红色　4. 紫红色　5. 紫色	绿色
11	总苞颜色（果壳色）	1. 白色　2. 黄白色　3. 黄色　4. 灰色　5. 棕色　6. 深棕色　7. 蓝色　8. 褐色　9. 深褐色　10. 黑色	黑色
12	总苞形状	1. 卵圆形　2. 近圆柱形　3. 椭圆形　4. 近圆形	椭圆形
13	总苞质地	1. 珐琅质　2. 甲壳质	甲壳质
14	种仁色	1. 白色　2. 浅黄色　3. 棕色　4. 红色	浅黄色
15	熟性	1. 特早熟　2. 早熟　3. 中熟　4. 晚熟　5. 特晚熟	早熟
16	胚乳类型	1. 粳性　2. 糯性	糯性

74. 花甲白六谷

植物学分类： 薏米（变种）*C. chinensis* var. *chinensis* Tod.

种质资源库编号： ZI000337

资源类型： 地方品种

来源： 云南省

用途： 粒用，种仁食用或作为药材、保健品等的原料。

特征特性： 在贵州兴义种植，生育期 144 d；单窝分蘖数平均 4.8 个，株高 237 cm，着粒层 216 cm，主茎粗 15.6 mm，主茎节数 11 节，分枝节位为第 2 节；苗期芽鞘和叶鞘均为紫色，幼苗叶片绿色；开花期柱头和幼果均为紫红色，花药黄色；成熟期总苞黄白色、甲壳质地、椭圆形，粒长 10.47 mm，粒宽 7.04 mm，百粒重 9.40 g；种仁浅黄色，胚乳糯性。

形态测试特征

序号	性状	状态描述	测量值
1	芽鞘色	1. 浅黄色　2. 绿色　3. 紫色	紫色
2	叶鞘色	1. 白色　2. 绿色　3. 紫色	紫色
3	幼苗叶色	1. 绿色　2. 红色　3. 紫色	绿色
4	幼苗生长习性	1. 直立　2. 中间　3. 匍匐	直立
5	茎秆颜色	1. 绿色　2. 浅红色　3. 红色　4. 紫红色　5. 紫色	绿色
6	茎部蜡粉	1. 无　2. 有	有
7	柱头色	1. 白色　2. 黄色　3. 浅紫色　4. 紫红色　5. 紫色	紫红色
8	花药色	1. 白色　2. 黄色　3. 浅紫色　4. 紫红色　5. 紫色	黄色
9	苞状鞘颜色	1. 绿色　2. 浅红色　3. 红色　4. 紫红色　5. 紫色	绿色
10	幼果颜色	1. 绿色　2. 浅红色　3. 红色　4. 紫红色　5. 紫色	紫红色
11	总苞颜色（果壳色）	1. 白色　2. 黄白色　3. 黄色　4. 灰色　5. 棕色　6. 深棕色　7. 蓝色　8. 褐色　9. 深褐色　10. 黑色	黄白色
12	总苞形状	1. 卵圆形　2. 近圆柱形　3. 椭圆形　4. 近圆形	椭圆形
13	总苞质地	1. 珐琅质　2. 甲壳质	甲壳质
14	种仁色	1. 白色　2. 浅黄色　3. 棕色　4. 红色	浅黄色
15	熟性	1. 特早熟　2. 早熟　3. 中熟　4. 晚熟　5. 特晚熟	早熟
16	胚乳类型	1. 粳性　2. 糯性	糯性

75. 花甲六谷

植物学分类：薏米（变种）*C. chinensis* var. *chinensis* Tod.

种质资源库编号：ZI000338

资源类型：地方品种

来源：云南省

用途：粒用，种仁食用或作为药材、保健品等的原料。

特征特性：在贵州兴义种植，生育期 144 d；单窝分蘖数平均 5.0 个，株高 264 cm，着粒层 240 cm，主茎粗 13.2 mm，主茎节数 10 节，分枝节位为第 2 节；苗期芽鞘和叶鞘均为紫色，幼苗叶片绿色；开花期柱头和幼果均为紫红色，花药黄色；成熟期总苞褐色或黑色、甲壳质地、椭圆形，粒长 9.62 mm，粒宽 6.52 mm，百粒重 9.30 g。

形态测试特征

序号	性状	状态描述	测量值
1	芽鞘色	1. 浅黄色　2. 绿色　3. 紫色	紫色
2	叶鞘色	1. 白色　2. 绿色　3. 紫色	紫色
3	幼苗叶色	1. 绿色　2. 红色　3. 紫色	绿色
4	幼苗生长习性	1. 直立　2. 中间　3. 匍匐	直立
5	茎秆颜色	1. 绿色　2. 浅红色　3. 红色　4. 紫红色　5. 紫色	绿色
6	茎部蜡粉	1. 无　2. 有	有
7	柱头色	1. 白色　2. 黄色　3. 浅紫色　4. 紫红色　5. 紫色	紫红色
8	花药色	1. 白色　2. 黄色　3. 浅紫色　4. 紫红色　5. 紫色	黄色
9	苞状鞘颜色	1. 绿色　2. 浅红色　3. 红色　4. 紫红色　5. 紫色	绿色
10	幼果颜色	1. 绿色　2. 浅红色　3. 红色　4. 紫红色　5. 紫色	紫红色
11	总苞颜色（果壳色）	1. 白色　2. 黄白色　3. 黄色　4. 灰色　5. 棕色　6. 深棕色　7. 蓝色　8. 褐色　9. 深褐色　10. 黑色	黑色
12	总苞形状	1. 卵圆形　2. 近圆柱形　3. 椭圆形　4. 近圆形	椭圆形
13	总苞质地	1. 珐琅质　2. 甲壳质	甲壳质
14	种仁色	1. 白色　2. 浅黄色　3. 棕色　4. 红色	浅黄色
15	熟性	1. 特早熟　2. 早熟　3. 中熟　4. 晚熟　5. 特晚熟	早熟
16	胚乳类型	1. 粳性　2. 糯性	糯性

76. 黑糯六谷

植物学分类：薏米（变种）*C. chinensis* var. *chinensis* Tod.

种质资源库编号：ZI000340

资源类型：地方品种

来源：云南省

用途：粒用，种仁食用或作为药材、保健品等的原料。

特征特性：在贵州兴义种植，生育期 144 d；单株分蘖数平均 5.8 个，株高 240 cm，着粒层 110 cm，主茎粗 14 mm，主茎节数 12 节，分枝节位为第 6 节；苗期芽鞘和叶鞘均为紫色，幼苗叶片绿色；开花期柱头紫红色，花药黄色，幼果绿色；成熟期总苞黑色、甲壳质地、椭圆形，粒长 8.98 mm，粒宽 6.08 mm，百粒重 7.68 g。

形态测试特征

序号	性状	状态描述	测量值
1	芽鞘色	1. 浅黄色 2. 绿色 3. 紫色	紫色
2	叶鞘色	1. 白色 2. 绿色 3. 紫色	紫色
3	幼苗叶色	1. 绿色 2. 红色 3. 紫色	绿色
4	幼苗生长习性	1. 直立 2. 中间 3. 匍匐	直立
5	茎秆颜色	1. 绿色 2. 浅红色 3. 红色 4. 紫红色 5. 紫色	绿色
6	茎部蜡粉	1. 无 2. 有	有
7	柱头色	1. 白色 2. 黄色 3. 浅紫色 4. 紫红色 5. 紫色	紫红色
8	花药色	1. 白色 2. 黄色 3. 浅紫色 4. 紫红色 5. 紫色	黄色
9	苞状鞘颜色	1. 绿色 2. 浅红色 3. 红色 4. 紫红色 5. 紫色	绿色
10	幼果颜色	1. 绿色 2. 浅红色 3. 红色 4. 紫红色 5. 紫色	绿色
11	总苞颜色（果壳色）	1. 白色 2. 黄白色 3. 黄色 4. 灰色 5. 棕色 6. 深棕色 7. 蓝色 8. 褐色 9. 深褐色 10. 黑色	黑色
12	总苞形状	1. 卵圆形 2. 近圆柱形 3. 椭圆形 4. 近圆形	椭圆形
13	总苞质地	1. 珐琅质 2. 甲壳质	甲壳质
14	种仁色	1. 白色 2. 浅黄色 3. 棕色 4. 红色	浅黄色
15	熟性	1. 特早熟 2. 早熟 3. 中熟 4. 晚熟 5. 特晚熟	早熟
16	胚乳类型	1. 粳性 2. 糯性	糯性

77. 苡仁

植物学分类： 薏米（变种）*C. chinensis* var. *chinensis* Tod.

种质资源库编号： ZI000305

资源类型： 地方品种

来源： 贵州省

用途： 粒用，种仁食用或作为药材、保健品等的原料。

特征特性： 在贵州兴义种植，生育期 144 d；单窝分蘖数平均 4.2 个，株高 186.4 cm，着粒层 158.4 cm，主茎粗 12.2 mm，主茎节数 8 节，分枝节位为第 2 节；苗期芽鞘和叶鞘均为紫色，幼苗叶片绿色；开花期柱头和幼果均为紫红色，花药黄色；成熟期总苞黑色、甲壳质地、椭圆形，粒长 8.56 mm，粒宽 6.50 mm，百粒重 7.33 g。

形态测试特征

序号	性状	状态描述	测量值
1	芽鞘色	1. 浅黄色　2. 绿色　3. 紫色	紫色
2	叶鞘色	1. 白色　2. 绿色　3. 紫色	紫色
3	幼苗叶色	1. 绿色　2. 红色　3. 紫色	绿色
4	幼苗生长习性	1. 直立　2. 中间　3. 匍匐	直立
5	茎秆颜色	1. 绿色　2. 浅红色　3. 红色　4. 紫红色　5. 紫色	红色
6	茎部蜡粉	1. 无　2. 有	有
7	柱头色	1. 白色　2. 黄色　3. 浅紫色　4. 紫红色　5. 紫色	紫红色
8	花药色	1. 白色　2. 黄色　3. 浅紫色　4. 紫红色　5. 紫色	黄色
9	苞状鞘颜色	1. 绿色　2. 浅红色　3. 红色　4. 紫红色　5. 紫色	红色
10	幼果颜色	1. 绿色　2. 浅红色　3. 红色　4. 紫红色　5. 紫色	紫红色
11	总苞颜色（果壳色）	1. 白色　2. 黄白色　3. 黄色　4. 灰色　5. 棕色　6. 深棕色　7. 蓝色　8. 褐色　9. 深褐色　10. 黑色	黑色
12	总苞形状	1. 卵圆形　2. 近圆柱形　3. 椭圆形　4. 近圆形	椭圆形
13	总苞质地	1. 珐琅质　2. 甲壳质	甲壳质
14	种仁色	1. 白色　2. 浅黄色　3. 棕色　4. 红色	浅黄色
15	熟性	1. 特早熟　2. 早熟　3. 中熟　4. 晚熟　5. 特晚熟	早熟
16	胚乳类型	1. 粳性　2. 糯性	糯性

78. 六合薏苡

植物学分类：薏苡（变种）*C. lacryma-jobi* var. *lacryma-jobi*

种质资源库编号：ZI000306

资源类型：野生资源

来源：贵州省

用途：籽粒可做串珠等工艺品，茎叶可做青贮饲料。

特征特性：在贵州兴义种植，生育期 192 d，晚熟；植株高大，分蘖性强；单窝分蘖数平均 12.4 个，株高 293 cm，着粒层 191 cm，主茎粗 16.9 mm，主茎节数 15 节，分枝节位为第 7 节；苗期芽鞘和叶鞘均为紫色，幼苗叶片绿色；柱头紫红色，花药黄色，幼果绿色；成熟期总苞棕色或蓝色、珐琅质地、近圆形，粒长 8.27 mm，粒宽 8.52 mm，百粒重 18.89 g。

形态测试特征

序号	性状	状态描述	测量值
1	芽鞘色	1. 浅黄色　2. 绿色　3. 紫色	紫色
2	叶鞘色	1. 白色　2. 绿色　3. 紫色	紫色
3	幼苗叶色	1. 绿色　2. 红色　3. 紫色	绿色
4	幼苗生长习性	1. 直立　2. 中间　3. 匍匐	直立
5	茎秆颜色	1. 绿色　2. 浅红色　3. 红色　4. 紫红色　5. 紫色	绿色
6	茎部蜡粉	1. 无　2. 有	有
7	柱头色	1. 白色　2. 黄色　3. 浅紫色　4. 紫红色　5. 紫色	紫红色
8	花药色	1. 白色　2. 黄色　3. 浅紫色　4. 紫红色　5. 紫色	黄色
9	苞状鞘颜色	1. 绿色　2. 浅红色　3. 红色　4. 紫红色　5. 紫色	绿色
10	幼果颜色	1. 绿色　2. 浅红色　3. 红色　4. 紫红色　5. 紫色	绿色
11	总苞颜色 （果壳色）	1. 白色　2. 黄白色　3. 黄色　4. 灰色　5. 棕色　6. 深棕色 7. 蓝色　8. 褐色　9. 深褐色　10. 黑色	蓝色
12	总苞形状	1. 卵圆形　2. 近圆柱形　3. 椭圆形　4. 近圆形	近圆形
13	总苞质地	1. 珐琅质　2. 甲壳质	珐琅质
14	种仁色	1. 白色　2. 浅黄色　3. 棕色　4. 红色	棕色
15	熟性	1. 特早熟　2. 早熟　3. 中熟　4. 晚熟　5. 特晚熟	晚熟
16	胚乳类型	1. 粳性　2. 糯性	粳性

79. 本地六谷

植物学分类： 薏苡（变种）*C. lacryma-jobi var. lacryma-jobi*

种质资源库编号： ZI000307

资源类型： 野生资源

来源： 贵州省

用途： 籽粒可做串珠等工艺品，茎叶可做青贮饲料。

特征特性： 在贵州兴义种植，生育期 192 d，晚熟；植株高大，分蘖性强；单窝分蘖数平均 9.2 个，株高 310 cm，着粒层 160 cm，主茎粗 16.7 mm，主茎节数 16 节，分枝节位为第 7 节；苗期芽鞘、叶鞘和幼苗叶片均为紫色；开花期柱头紫红色，花药黄色，幼果绿色，茎秆浅红色，苞状鞘红色；成熟期总苞灰色、珐琅质地、椭圆形，粒长 8.97 mm，粒宽 7.73 mm，百粒重 13.25 g。

形态测试特征

序号	性状	状态描述	测量值
1	芽鞘色	1. 浅黄色 2. 绿色 3. 紫色	紫色
2	叶鞘色	1. 白色 2. 绿色 3. 紫色	紫色
3	幼苗叶色	1. 绿色 2. 红色 3. 紫色	紫色
4	幼苗生长习性	1. 直立 2. 中间 3. 匍匐	直立
5	茎秆颜色	1. 绿色 2. 浅红色 3. 红色 4. 紫红色 5. 紫色	浅红色
6	茎部蜡粉	1. 无 2. 有	有
7	柱头色	1. 白色 2. 黄色 3. 浅紫色 4. 紫红色 5. 紫色	紫红色
8	花药色	1. 白色 2. 黄色 3. 浅紫色 4. 紫红色 5. 紫色	黄色
9	苞状鞘颜色	1. 绿色 2. 浅红色 3. 红色 4. 紫红色 5. 紫色	红色
10	幼果颜色	1. 绿色 2. 浅红色 3. 红色 4. 紫红色 5. 紫色	绿色
11	总苞颜色（果壳色）	1. 白色 2. 黄白色 3. 黄色 4. 灰色 5. 棕色 6. 深棕色 7. 蓝色 8. 褐色 9. 深褐色 10. 黑色	灰色
12	总苞形状	1. 卵圆形 2. 近圆柱形 3. 椭圆形 4. 近圆形	椭圆形
13	总苞质地	1. 珐琅质 2. 甲壳质	珐琅质
14	种仁色	1. 白色 2. 浅黄色 3. 棕色 4. 红色	浅黄色
15	熟性	1. 特早熟 2. 早熟 3. 中熟 4. 晚熟 5. 特晚熟	晚熟
16	胚乳类型	1. 粳性 2. 糯性	粳性

80. 本地六谷

植物学分类：薏苡（变种）*C. lacryma-jobi* var. *lacryma-jobi*

种质资源库编号： ZI000308

资源类型： 野生资源

来源： 贵州省

用途： 籽粒可做串珠等工艺品，茎叶可做青贮饲料。

特征特性： 在贵州兴义种植，生育期 192 d，晚熟；单窝分蘖数平均 6.6 个，株高 290 cm，着粒层 226 cm，主茎粗 17.2 mm，主茎节数 12 节，分枝节位为第 3 节；苗期芽鞘和叶鞘均为紫色，幼苗叶片绿色；开花期柱头紫色，花药黄色，幼果绿色；成熟期总苞颜色从白色至灰色过渡、珐琅质地、卵圆形，粒长 10.17 mm，粒宽 8.61 mm，百粒重 22.05 g。

形态测试特征

序号	性状	状态描述	测量值
1	芽鞘色	1. 浅黄色　2. 绿色　3. 紫色	紫色
2	叶鞘色	1. 白色　2. 绿色　3. 紫色	紫色
3	幼苗叶色	1. 绿色　2. 红色　3. 紫色	绿色
4	幼苗生长习性	1. 直立　2. 中间　3. 匍匐	直立
5	茎秆颜色	1. 绿色　2. 浅红色　3. 红色　4. 紫红色　5. 紫色	绿色
6	茎部蜡粉	1. 无　2. 有	有
7	柱头色	1. 白色　2. 黄色　3. 浅紫色　4. 紫红色　5. 紫色	紫色
8	花药色	1. 白色　2. 黄色　3. 浅紫色　4. 紫红色　5. 紫色	黄色
9	苞状鞘颜色	1. 绿色　2. 浅红色　3. 红色　4. 紫红色　5. 紫色	绿色
10	幼果颜色	1. 绿色　2. 浅红色　3. 红色　4. 紫红色　5. 紫色	绿色
11	总苞颜色（果壳色）	1. 白色　2. 黄白色　3. 黄色　4. 灰色　5. 棕色　6. 深棕色　7. 蓝色　8. 褐色　9. 深褐色　10. 黑色	灰色
12	总苞形状	1. 卵圆形　2. 近圆柱形　3. 椭圆形　4. 近圆形	卵圆形
13	总苞质地	1. 珐琅质　2. 甲壳质	珐琅质
14	种仁色	1. 白色　2. 浅黄色　3. 棕色　4. 红色	浅黄色
15	熟性	1. 特早熟　2. 早熟　3. 中熟　4. 晚熟　5. 特晚熟	晚熟
16	胚乳类型	1. 粳性　2. 糯性	粳性

81. 本地六谷

植物学分类： 薏米（变种）*C. chinensis* var. *chinensis* Tod.

种质资源库编号： ZI000309

资源类型： 地方品种

来源： 贵州省

用途： 粒用，种仁食用或作为药材、保健品等的原料。

特征特性： 在贵州兴义种植，生育期 192 d；单窝（株）分蘖数平均 6.8 个，株高 266 cm，着粒层 156 cm，主茎粗 15.7 mm，主茎节数 14 节，分枝节位为第 7 节；苗期芽鞘和叶鞘均为紫色，幼苗叶片绿色；开花期柱头紫色，花药黄色，幼果绿色；成熟期总苞灰色、甲壳质地、近圆形，具纵长条纹，粒长 8.55 mm，粒宽 7.78 mm，百粒重 10.86 g。

形态测试特征

序号	性状	状态描述	测量值
1	芽鞘色	1. 浅黄色　2. 绿色　3. 紫色	紫色
2	叶鞘色	1. 白色　2. 绿色　3. 紫色	紫色
3	幼苗叶色	1. 绿色　2. 红色　3. 紫色	绿色
4	幼苗生长习性	1. 直立　2. 中间　3. 匍匐	直立
5	茎秆颜色	1. 绿色　2. 浅红色　3. 红色　4. 紫红色　5. 紫色	绿色
6	茎部蜡粉	1. 无　2. 有	有
7	柱头色	1. 白色　2. 黄色　3. 浅紫色　4. 紫红色　5. 紫色	紫色
8	花药色	1. 白色　2. 黄色　3. 浅紫色　4. 紫红色　5. 紫色	黄色
9	苞状鞘颜色	1. 绿色　2. 浅红色　3. 红色　4. 紫红色　5. 紫色	绿色
10	幼果颜色	1. 绿色　2. 浅红色　3. 红色　4. 紫红色　5. 紫色	绿色
11	总苞颜色（果壳色）	1. 白色　2. 黄白色　3. 黄色　4. 灰色　5. 棕色　6. 深棕色　7. 蓝色　8. 褐色　9. 深褐色　10. 黑色	灰色
12	总苞形状	1. 卵圆形　2. 近圆柱形　3. 椭圆形　4. 近圆形	近圆形
13	总苞质地	1. 珐琅质　2. 甲壳质	甲壳质
14	种仁色	1. 白色　2. 浅黄色　3. 棕色　4. 红色	浅黄色
15	熟性	1. 特早熟　2. 早熟　3. 中熟　4. 晚熟　5. 特晚熟	晚熟
16	胚乳类型	1. 粳性　2. 糯性	糯性

82. 六谷

植物学分类： 薏米（变种）*C. chinensis* var. *chinensis* Tod.

种质资源库编号： ZI000310

资源类型： 地方品种

来源： 贵州省

用途： 粒用，种仁食用或作为药材、保健品等的原料。

特征特性： 在贵州兴义种植，生育期 144 d；单窝分蘖数平均 4.6 个，株高 191 cm，着粒层 147 cm，主茎粗 15.2 mm，主茎节数 10 节，分枝节位为第 3 节；苗期芽鞘、叶鞘和幼苗叶片均为紫色；开花期柱头紫红色，花药黄色，幼果浅红色；成熟期总苞深褐色或黑色、甲壳质地、椭圆形，粒长 9.79 mm，粒宽 6.15 mm，百粒重 7.39 g。

形态测试特征

序号	性状	状态描述	测量值
1	芽鞘色	1. 浅黄色 2. 绿色 3. 紫色	紫色
2	叶鞘色	1. 白色 2. 绿色 3. 紫色	紫色
3	幼苗叶色	1. 绿色 2. 红色 3. 紫色	紫色
4	幼苗生长习性	1. 直立 2. 中间 3. 匍匐	直立
5	茎秆颜色	1. 绿色 2. 浅红色 3. 红色 4. 紫红色 5. 紫色	绿色
6	茎部蜡粉	1. 无 2. 有	有
7	柱头色	1. 白色 2. 黄色 3. 浅紫色 4. 紫红色 5. 紫色	紫红色
8	花药色	1. 白色 2. 黄色 3. 浅紫色 4. 紫红色 5. 紫色	黄色
9	苞状鞘颜色	1. 绿色 2. 浅红色 3. 红色 4. 紫红色 5. 紫色	绿色
10	幼果颜色	1. 绿色 2. 浅红色 3. 红色 4. 紫红色 5. 紫色	浅红色
11	总苞颜色（果壳色）	1. 白色 2. 黄白色 3. 黄色 4. 灰色 5. 棕色 6. 深棕色 7. 蓝色 8. 褐色 9. 深褐色 10. 黑色	黑色
12	总苞形状	1. 卵圆形 2. 近圆柱形 3. 椭圆形 4. 近圆形	椭圆形
13	总苞质地	1. 珐琅质 2. 甲壳质	甲壳质
14	种仁色	1. 白色 2. 浅黄色 3. 棕色 4. 红色	浅黄色
15	熟性	1. 特早熟 2. 早熟 3. 中熟 4. 晚熟 5. 特晚熟	早熟
16	胚乳类型	1. 粳性 2. 糯性	糯性

83. 薏苡

植物学分类：台湾薏苡（变种）*C. chinensis* var. *formosana*(Ohwi)L. Liu
种质资源库编号：ZI000311
资源类型：地方品种
来源：贵州省
用途：粒用，种仁食用或作为药材、保健品等的原料。
特征特性：在贵州兴义种植，生育期 196 d；单窝分蘖数平均 5.0 个，株高 287 cm，着粒层 176 cm，主茎粗 19.7 mm，主茎节数 14 节，分枝节位为第 6 节；苗期芽鞘、叶鞘和幼苗叶片均为紫色；成熟期柱头紫红色，花药黄色，幼果绿色；成熟期总苞灰色、甲壳质地、近圆形，具纵长条纹，粒长 8.27 mm，粒宽 9.05 mm，百粒重 11.22 g。

形态测试特征

序号	性状	状态描述	测量值
1	芽鞘色	1. 浅黄色　2. 绿色　3. 紫色	紫色
2	叶鞘色	1. 白色　2. 绿色　3. 紫色	紫色
3	幼苗叶色	1. 绿色　2. 红色　3. 紫色	紫色
4	幼苗生长习性	1. 直立　2. 中间　3. 匍匐	直立
5	茎秆颜色	1. 绿色　2. 浅红色　3. 红色　4. 紫红色　5. 紫色	绿色
6	茎部蜡粉	1. 无　2. 有	有
7	柱头色	1. 白色　2. 黄色　3. 浅紫色　4. 紫红色　5. 紫色	紫红色
8	花药色	1. 白色　2. 黄色　3. 浅紫色　4. 紫红色　5. 紫色	黄色
9	苞状鞘颜色	1. 绿色　2. 浅红色　3. 红色　4. 紫红色　5. 紫色	绿色
10	幼果颜色	1. 绿色　2. 浅红色　3. 红色　4. 紫红色　5. 紫色	绿色
11	总苞颜色（果壳色）	1. 白色　2. 黄白色　3. 黄色　4. 灰色　5. 棕色　6. 深棕色　7. 蓝色　8. 褐色　9. 深褐色　10. 黑色	灰色
12	总苞形状	1. 卵圆形　2. 近圆柱形　3. 椭圆形　4. 近圆形	近圆形
13	总苞质地	1. 珐琅质　2. 甲壳质	甲壳质
14	种仁色	1. 白色　2. 浅黄色　3. 棕色　4. 红色	浅黄色
15	熟性	1. 特早熟　2. 早熟　3. 中熟　4. 晚熟　5. 特晚熟	晚熟
16	胚乳类型	1. 粳性　2. 糯性	糯性

84. 野生白薏苡

植物学分类： 薏苡（变种）*C. lacryma-jobi* var. *lacryma-jobi*

种质资源库编号： ZI000312

资源类型： 野生资源

来源： 贵州省

用途： 籽粒可做串珠等工艺品，茎叶可做青贮饲料。

特征特性： 在贵州兴义种植，生育期 196 d，晚熟；植株高大，分蘖性强，单窝分蘖数平均 11.8 个，株高 340 cm，主茎粗 15 mm；苗期芽鞘和叶鞘均为紫色，幼苗叶片绿色；开花期柱头紫红色，花药黄色，幼果绿色；成熟期总苞灰色、珐琅质地、近圆柱形或尖卵形，粒长 9.13 mm，粒宽 5.26 mm，百粒重 12.10 g。

形态测试特征

序号	性状	状态描述	测量值
1	芽鞘色	1. 浅黄色　2. 绿色　3. 紫色	紫色
2	叶鞘色	1. 白色　2. 绿色　3. 紫色	紫色
3	幼苗叶色	1. 绿色　2. 红色　3. 紫色	绿色
4	幼苗生长习性	1. 直立　2. 中间　3. 匍匐	直立
5	茎秆颜色	1. 绿色　2. 浅红色　3. 红色　4. 紫红色　5. 紫色	绿色
6	茎部蜡粉	1. 无　2. 有	有
7	柱头色	1. 白色　2. 黄色　3. 浅紫色　4. 紫红色　5. 紫色	紫红色
8	花药色	1. 白色　2. 黄色　3. 浅紫色　4. 紫红色　5. 紫色	黄色
9	苞状鞘颜色	1. 绿色　2. 浅红色　3. 红色　4. 紫红色　5. 紫色	绿色
10	幼果颜色	1. 绿色　2. 浅红色　3. 红色　4. 紫红色　5. 紫色	绿色
11	总苞颜色（果壳色）	1. 白色　2. 黄白色　3. 黄色　4. 灰色　5. 棕色　6. 深棕色　7. 蓝色　8. 褐色　9. 深褐色　10. 黑色	灰色
12	总苞形状	1. 卵圆形　2. 近圆柱形　3. 椭圆形　4. 近圆形	近圆柱形
13	总苞质地	1. 珐琅质　2. 甲壳质	珐琅质
14	种仁色	1. 白色　2. 浅黄色　3. 棕色　4. 红色	浅黄色
15	熟性	1. 特早熟　2. 早熟　3. 中熟　4. 晚熟　5. 特晚熟	晚熟
16	胚乳类型	1. 粳性　2. 糯性	粳性

85. 野生薏苡

植物学分类： 薏苡（变种）*C. lacryma-jobi* var. *lacryma-jobi*

种质资源库编号： ZI000313

资源类型： 野生资源

来源： 贵州省

用途： 籽粒可做串珠等工艺品，茎叶可做青贮饲料。

特征特性： 在贵州兴义种植，生育期 162 d；单窝（株）分蘖数平均 5.0 个，株高 270 cm，着粒层 250 cm，主茎粗 14.6 mm，主茎节数 13 节，分枝节位为第 2 节；苗期芽鞘、叶鞘和幼苗叶片均为绿色；开花期柱头浅红色，花药黄色，幼果绿色；成熟期总苞灰色、珐琅质地、卵圆形，粒长 9.46 mm，粒宽 7.30 mm，百粒重 15.02 g。

形态测试特征

序号	性状	状态描述	测量值
1	芽鞘色	1. 浅黄色　2. 绿色　3. 紫色	绿色
2	叶鞘色	1. 白色　2. 绿色　3. 紫色	绿色
3	幼苗叶色	1. 绿色　2. 红色　3. 紫色	绿色
4	幼苗生长习性	1. 直立　2. 中间　3. 匍匐	直立
5	茎秆颜色	1. 绿色　2. 浅红色　3. 红色　4. 紫红色　5. 紫色	绿色
6	茎部蜡粉	1. 无　2. 有	有
7	柱头色	1. 白色　2. 黄色　3. 浅紫色　4. 紫红色　5. 紫色	浅红色
8	花药色	1. 白色　2. 黄色　3. 浅紫色　4. 紫红色　5. 紫色	黄色
9	苞状鞘颜色	1. 绿色　2. 浅红色　3. 红色　4. 紫红色　5. 紫色	绿色
10	幼果颜色	1. 绿色　2. 浅红色　3. 红色　4. 紫红色　5. 紫色	绿色
11	总苞颜色（果壳色）	1. 白色　2. 黄白色　3. 黄色　4. 灰色　5. 棕色　6. 深棕色　7. 蓝色　8. 褐色　9. 深褐色　10. 黑色	灰色
12	总苞形状	1. 卵圆形　2. 近圆柱形　3. 椭圆形　4. 近圆形	卵圆形
13	总苞质地	1. 珐琅质　2. 甲壳质	珐琅质
14	种仁色	1. 白色　2. 浅黄色　3. 棕色　4. 红色	浅黄色
15	熟性	1. 特早熟　2. 早熟　3. 中熟　4. 晚熟　5. 特晚熟	中熟
16	胚乳类型	1. 粳性　2. 糯性	粳性

86. 野生念珠薏苡

植物学分类：念珠薏苡（变种）*C. lacryma-jobi* var. *maxima* Makino
种质资源库编号：ZI000314
资源类型：野生资源
来源：贵州省
用途：籽粒可做串珠等工艺品，茎叶可做青贮饲料。
特征特性：在贵州兴义种植，根系发达，生育期 196 d，晚熟；单窝分蘖数平均 7.8 个，株高 380 cm，主茎粗 18.9 mm；苗期芽鞘和叶鞘均为紫色，幼苗叶片绿色；开花期柱头紫色，花药黄色，幼果绿色；成熟期总苞灰色、珐琅质地、近圆形，无喙，粒长 6.62 mm，粒宽 6.76 mm，百粒重 11.24 g。

形态测试特征

序号	性状	状态描述	测量值
1	芽鞘色	1. 浅黄色　2. 绿色　3. 紫色	紫色
2	叶鞘色	1. 白色　2. 绿色　3. 紫色	紫色
3	幼苗叶色	1. 绿色　2. 红色　3. 紫色	绿色
4	幼苗生长习性	1. 直立　2. 中间　3. 匍匐	直立
5	茎秆颜色	1. 绿色　2. 浅红色　3. 红色　4. 紫红色　5. 紫色	绿色
6	茎部蜡粉	1. 无　2. 有	有
7	柱头色	1. 白色　2. 黄色　3. 浅紫色　4. 紫红色　5. 紫色	紫色
8	花药色	1. 白色　2. 黄色　3. 浅紫色　4. 紫红色　5. 紫色	黄色
9	苞状鞘颜色	1. 绿色　2. 浅红色　3. 红色　4. 紫红色　5. 紫色	绿色
10	幼果颜色	1. 绿色　2. 浅红色　3. 红色　4. 紫红色　5. 紫色	绿色
11	总苞颜色（果壳色）	1. 白色　2. 黄白色　3. 黄色　4. 灰色　5. 棕色　6. 深棕色　7. 蓝色　8. 褐色　9. 深褐色　10. 黑色	灰色
12	总苞形状	1. 卵圆形　2. 近圆柱形　3. 椭圆形　4. 近圆形	近圆形
13	总苞质地	1. 珐琅质　2. 甲壳质	珐琅质
14	种仁色	1. 白色　2. 浅黄色　3. 棕色　4. 红色	浅黄色
15	熟性	1. 特早熟　2. 早熟　3. 中熟　4. 晚熟　5. 特晚熟	晚熟
16	胚乳类型	1. 粳性　2. 糯性	粳性

87. 野生薏苡

植物学分类： 薏苡（变种）*C. lacryma-jobi* var. *lacryma-jobi*

种质资源库编号： ZI000315

资源类型： 野生资源

来源： 贵州省

用途： 籽粒可做串珠等工艺品，茎叶可做青贮饲料。

特征特性： 在贵州兴义种植，根系发达，生育期 196 d，晚熟；单窝（株）分蘖数平均 5.1 个，株高 320 cm，主茎粗 14.5 mm；苗期芽鞘和叶鞘均为紫色，幼苗叶片绿色；开花期柱头紫色，花药黄色，幼果绿色；成熟期总苞灰色、珐琅质地、近圆形，无喙，粒长 7.73 mm，粒宽 6.82 mm，百粒重 12.58 g。

形态测试特征

序号	性状	状态描述	测量值
1	芽鞘色	1. 浅黄色　2. 绿色　3. 紫色	紫色
2	叶鞘色	1. 白色　2. 绿色　3. 紫色	紫色
3	幼苗叶色	1. 绿色　2. 红色　3. 紫色	绿色
4	幼苗生长习性	1. 直立　2. 中间　3. 匍匐	直立
5	茎秆颜色	1. 绿色　2. 浅红色　3. 红色　4. 紫红色　5. 紫色	绿色
6	茎部蜡粉	1. 无　2. 有	有
7	柱头色	1. 白色　2. 黄色　3. 浅紫色　4. 紫红色　5. 紫色	紫色
8	花药色	1. 白色　2. 黄色　3. 浅紫色　4. 紫红色　5. 紫色	黄色
9	苞状鞘颜色	1. 绿色　2. 浅红色　3. 红色　4. 紫红色　5. 紫色	绿色
10	幼果颜色	1. 绿色　2. 浅红色　3. 红色　4. 紫红色　5. 紫色	绿色
11	总苞颜色（果壳色）	1. 白色　2. 黄白色　3. 黄色　4. 灰色　5. 棕色　6. 深棕色　7. 蓝色　8. 褐色　9. 深褐色　10. 黑色	灰色
12	总苞形状	1. 卵圆形　2. 近圆柱形　3. 椭圆形　4. 近圆形	近圆形
13	总苞质地	1. 珐琅质　2. 甲壳质	珐琅质
14	种仁色	1. 白色　2. 浅黄色　3. 棕色　4. 红色	浅黄色
15	熟性	1. 特早熟　2. 早熟　3. 中熟　4. 晚熟　5. 特晚熟	晚熟
16	胚乳类型	1. 粳性　2. 糯性	粳性

88. 薏苡 (薏 11)

植物学分类： 薏米（变种）*C. chinensis* var. *chinensis* Tod.

种质资源库编号： ZI000316

资源类型： 地方品种

来源： 贵州省

用途： 粒用，种仁食用或作为药材、保健品等的原料。

特征特性： 在贵州兴义种植，生育期 196 d；单株分蘖数平均 11.8 个，株高 330 cm，主茎粗 17.7 mm，主茎节数 17 节，分枝节位为第 3 节；苗期芽鞘和叶鞘均为紫色，幼苗叶片绿色；开花期柱头紫色，花药黄色，幼果绿色；成熟期总苞白色、甲壳质地、椭圆形，有喙且具纵长条纹，粒长 8.31 mm，粒宽 6.61 mm，百粒重 9.03 g；胚乳粳性。

形态测试特征

序号	性状	状态描述	测量值
1	芽鞘色	1. 浅黄色　2. 绿色　3. 紫色	紫色
2	叶鞘色	1. 白色　2. 绿色　3. 紫色	紫色
3	幼苗叶色	1. 绿色　2. 红色　3. 紫色	绿色
4	幼苗生长习性	1. 直立　2. 中间　3. 匍匐	直立
5	茎秆颜色	1. 绿色　2. 浅红色　3. 红色　4. 紫红色　5. 紫色	绿色
6	茎部蜡粉	1. 无　2. 有	有
7	柱头色	1. 白色　2. 黄色　3. 浅紫色　4. 紫红色　5. 紫色	紫色
8	花药色	1. 白色　2. 黄色　3. 浅紫色　4. 紫红色　5. 紫色	黄色
9	苞状鞘颜色	1. 绿色　2. 浅红色　3. 红色　4. 紫红色　5. 紫色	绿色
10	幼果颜色	1. 绿色　2. 浅红色　3. 红色　4. 紫红色　5. 紫色	绿色
11	总苞颜色（果壳色）	1. 白色　2. 黄白色　3. 黄色　4. 灰色　5. 棕色　6. 深棕色　7. 蓝色　8. 褐色　9. 深褐色　10. 黑色	白色
12	总苞形状	1. 卵圆形　2. 近圆柱形　3. 椭圆形　4. 近圆形	椭圆形
13	总苞质地	1. 珐琅质　2. 甲壳质	甲壳质
14	种仁色	1. 白色　2. 浅黄色　3. 棕色　4. 红色	浅黄色
15	熟性	1. 特早熟　2. 早熟　3. 中熟　4. 晚熟　5. 特晚熟	晚熟
16	胚乳类型	1. 粳性　2. 糯性	粳性

89. 薏苡（薏12）

植物学分类： 薏米（变种）*C. chinensis* var. *chinensis* Tod.

种质资源库编号： ZI000317

资源类型： 地方品种

来源： 贵州省

用途： 粒用，种仁食用或作为药材、保健品等的原料。

特征特性： 在贵州兴义种植，生育期 162 d；单窝（株）分蘖数平均 5.6 个，株高 270 cm，着粒层 245 cm，主茎粗 16.1 mm，主茎节数 14 节，分枝节位为第 3 节；苗期芽鞘和叶鞘均为紫色，幼苗叶片绿色；开花期柱头紫红色，花药黄色；成熟期总苞白色、甲壳质地、椭圆形，粒长 8.88 mm，粒宽 6.08 mm，百粒重 8.20 g；胚乳粳性。

形态测试特征

序号	性状	状态描述	测量值
1	芽鞘色	1. 浅黄色　2. 绿色　3. 紫色	紫色
2	叶鞘色	1. 白色　2. 绿色　3. 紫色	紫色
3	幼苗叶色	1. 绿色　2. 红色　3. 紫色	绿色
4	幼苗生长习性	1. 直立　2. 中间　3. 匍匐	直立
5	茎秆颜色	1. 绿色　2. 浅红色　3. 红色　4. 紫红色　5. 紫色	绿色
6	茎部蜡粉	1. 无　2. 有	有
7	柱头色	1. 白色　2. 黄色　3. 浅紫色　4. 紫红色　5. 紫色	紫红色
8	花药色	1. 白色　2. 黄色　3. 浅紫色　4. 紫红色　5. 紫色	黄色
9	苞状鞘颜色	1. 绿色　2. 浅红色　3. 红色　4. 紫红色　5. 紫色	绿色
10	幼果颜色	1. 绿色　2. 浅红色　3. 红色　4. 紫红色　5. 紫色	绿色
11	总苞颜色（果壳色）	1. 白色　2. 黄白色　3. 黄色　4. 灰色　5. 棕色　6. 深棕色　7. 蓝色　8. 褐色　9. 深褐色　10. 黑色	白色
12	总苞形状	1. 卵圆形　2. 近圆柱形　3. 椭圆形　4. 近圆形	椭圆形
13	总苞质地	1. 珐琅质　2. 甲壳质	甲壳质
14	种仁色	1. 白色　2. 浅黄色　3. 棕色　4. 红色	浅黄色
15	熟性	1. 特早熟　2. 早熟　3. 中熟　4. 晚熟　5. 特晚熟	中熟
16	胚乳类型	1. 粳性　2. 糯性	粳性

90. 细长陆谷

植物学分类： 窄果薏苡（种）*C. stenocarpa* Balansa
种质资源库编号： ZI000319
资源类型： 野生资源
来源： 贵州省
用途： 籽粒可做串珠等工艺品，茎叶可做青贮饲料。
特征特性： 在贵州兴义种植，株型直立，生育期 162 d；单窝分蘖数平均 19.0 个，株高 258 cm，着粒层 147 cm，主茎粗 14.3 mm，主茎节数 16 节，分枝节位为第 6 节；苗期芽鞘和叶鞘均为紫色，幼苗绿色；开花期柱头紫红色，花药黄色，幼果绿色；成熟期总苞白色或灰色、细长、近圆柱形、珐琅质地，粒长 11.68 mm，粒宽 3.02 mm，百粒重 4.15 g。

形态测试特征

序号	性状	状态描述	测量值
1	芽鞘色	1. 浅黄色　2. 绿色　3. 紫色	紫色
2	叶鞘色	1. 白色　2. 绿色　3. 紫色	紫色
3	幼苗叶色	1. 绿色　2. 红色　3. 紫色	绿色
4	幼苗生长习性	1. 直立　2. 中间　3. 匍匐	直立
5	茎秆颜色	1. 绿色　2. 浅红色　3. 红色　4. 紫红色　5. 紫色	绿色
6	茎部蜡粉	1. 无　2. 有	有
7	柱头色	1. 白色　2. 黄色　3. 浅紫色　4. 紫红色　5. 紫色	紫红色
8	花药色	1. 白色　2. 黄色　3. 浅紫色　4. 紫红色　5. 紫色	黄色
9	苞状鞘颜色	1. 绿色　2. 浅红色　3. 红色　4. 紫红色　5. 紫色	绿色
10	幼果颜色	1. 绿色　2. 浅红色　3. 红色　4. 紫红色　5. 紫色	绿色
11	总苞颜色（果壳色）	1. 白色　2. 黄白色　3. 黄色　4. 灰色　5. 棕色　6. 深棕色　7. 蓝色　8. 褐色　9. 深褐色　10. 黑色	灰色
12	总苞形状	1. 卵圆形　2. 近圆柱形　3. 椭圆形　4. 近圆形	近圆柱形
13	总苞质地	1. 珐琅质　2. 甲壳质	珐琅质
14	种仁色	1. 白色　2. 浅黄色　3. 棕色　4. 红色	浅黄色
15	熟性	1. 特早熟　2. 早熟　3. 中熟　4. 晚熟　5. 特晚熟	中熟
16	胚乳类型	1. 粳性　2. 糯性	粳性

中国薏苡属分类及
种质资源图鉴　　The Taxonomy and Illustrated Germplasm Resources of
Job's Tears (*Coix* L.) in China　　214

91. 薏仁（薏 13）

植物学分类：薏苡（变种）*C. lacryma-jobi* var. *lacryma-jobi*
种质资源库编号：ZI000320
资源类型：野生资源
来源：贵州省
用途：籽粒可做串珠等工艺品，茎叶可做青贮饲料。
特征特性：在贵州兴义种植，生育期 152 d；根系发达，株型直立，单窝分蘖数平均 7.4 个，株高 213 cm，着粒层 203 cm，主茎粗 12.1 mm，主茎节数 12 节，分枝节位为第 2 节；苗期芽鞘和叶鞘均为紫色，幼苗叶片绿色；开花期柱头紫红色，花药黄色，幼果绿色；成熟期总苞灰色、珐琅质地、卵圆形，粒长 8.83 mm，粒宽 7.82 mm，百粒重 16.01 g。

形态测试特征

序号	性状	状态描述	测量值
1	芽鞘色	1. 浅黄色　2. 绿色　3. 紫色	紫色
2	叶鞘色	1. 白色　2. 绿色　3. 紫色	紫色
3	幼苗叶色	1. 绿色　2. 红色　3. 紫色	绿色
4	幼苗生长习性	1. 直立　2. 中间　3. 匍匐	直立
5	茎秆颜色	1. 绿色　2. 浅红色　3. 红色　4. 紫红色　5. 紫色	绿色
6	茎部蜡粉	1. 无　2. 有	有
7	柱头色	1. 白色　2. 黄色　3. 浅紫色　4. 紫红色　5. 紫色	紫红色
8	花药色	1. 白色　2. 黄色　3. 浅紫色　4. 紫红色　5. 紫色	黄色
9	苞状鞘颜色	1. 绿色　2. 浅红色　3. 红色　4. 紫红色　5. 紫色	绿色
10	幼果颜色	1. 绿色　2. 浅红色　3. 红色　4. 紫红色　5. 紫色	绿色
11	总苞颜色（果壳色）	1. 白色　2. 黄白色　3. 黄色　4. 灰色　5. 棕色　6. 深棕色　7. 蓝色　8. 褐色　9. 深褐色　10. 黑色	灰色
12	总苞形状	1. 卵圆形　2. 近圆柱形　3. 椭圆形　4. 近圆形	卵圆形
13	总苞质地	1. 珐琅质　2. 甲壳质	珐琅质
14	种仁色	1. 白色　2. 浅黄色　3. 棕色　4. 红色	浅黄色
15	熟性	1. 特早熟　2. 早熟　3. 中熟　4. 晚熟　5. 特晚熟	早熟
16	胚乳类型	1. 粳性　2. 糯性	粳性

92. 陆谷（薏14）

植物学分类：台湾薏苡（变种）*C. chinensis* var. *formosana*(Ohwi) L. Liu

种质资源库编号：ZI000321

资源类型：地方品种

来源：贵州省

用途：粒用，种仁食用或作为药材、保健品等的原料。

特征特性：在贵州兴义种植，生育期 152 d；单窝分蘖数平均 5 个，株高 190 cm，着粒层 170 cm，主茎粗 14.7 mm，主茎节数 13 节，分枝节位为第 2 节；苗期芽鞘和叶鞘均为紫色，幼苗叶片绿色；开花期柱头紫红色，花药黄色；成熟期总苞深褐色或黑色、甲壳质地、近圆形，粒长 7.22 mm，粒宽 7.36 mm，百粒重 10.03 g。

形态测试特征

序号	性状	状态描述	测量值
1	芽鞘色	1.浅黄色　2.绿色　3.紫色	紫色
2	叶鞘色	1.白色　2.绿色　3.紫色	紫色
3	幼苗叶色	1.绿色　2.红色　3.紫色	绿色
4	幼苗生长习性	1.直立　2.中间　3.匍匐	直立
5	茎秆颜色	1.绿色　2.浅红色　3.红色　4.紫红色　5.紫色	绿色
6	茎部蜡粉	1.无　2.有	有
7	柱头色	1.白色　2.黄色　3.浅紫色　4.紫红色　5.紫色	紫红色
8	花药色	1.白色　2.黄色　3.浅紫色　4.紫红色　5.紫色	黄色
9	苞状鞘颜色	1.绿色　2.浅红色　3.红色　4.紫红色　5.紫色	绿色
10	幼果颜色	1.绿色　2.浅红色　3.红色　4.紫红色　5.紫色	绿色
11	总苞颜色（果壳色）	1.白色　2.黄白色　3.黄色　4.灰色　5.棕色　6.深棕色　7.蓝色　8.褐色　9.深褐色　10.黑色	黑色
12	总苞形状	1.卵圆形　2.近圆柱形　3.椭圆形　4.近圆形	近圆形
13	总苞质地	1.珐琅质　2.甲壳质	甲壳质
14	种仁色	1.白色　2.浅黄色　3.棕色　4.红色	浅黄色
15	熟性	1.特早熟　2.早熟　3.中熟　4.晚熟　5.特晚熟	早熟
16	胚乳类型	1.粳性　2.糯性	糯性

93. 贞丰五谷

植物学分类：薏米（变种）*C. chinensis* var. *chinensis* Tod.
种质资源库编号：ZI000348
资源类型：地方品种
来源：贵州省
用途：粒用，种仁食用或作为药材、保健品等的原料。
特征特性：在贵州兴义种植，生育期 144 d；株型直立，单窝（株）分蘖数平均 6.0 个，株高 176.4 cm，着粒层 165.4 cm，主茎粗 11.9 mm，主茎节数 11 节，分枝节位为第 2 节；苗期芽鞘和叶鞘均为紫色，幼苗叶片绿色；开花期柱头紫红色，花药黄色，幼果绿色；成熟期总苞深褐色或黑色、甲壳质地、椭圆形，粒长 9.51 mm，粒宽 6.55 mm，百粒重 9.89 g。

形态测试特征

序号	性状	状态描述	测量值
1	芽鞘色	1. 浅黄色 2. 绿色 3. 紫色	紫色
2	叶鞘色	1. 白色 2. 绿色 3. 紫色	紫色
3	幼苗叶色	1. 绿色 2. 红色 3. 紫色	绿色
4	幼苗生长习性	1. 直立 2. 中间 3. 匍匐	直立
5	茎秆颜色	1. 绿色 2. 浅红色 3. 红色 4. 紫红色 5. 紫色	绿色
6	茎部蜡粉	1. 无 2. 有	有
7	柱头色	1. 白色 2. 黄色 3. 浅紫色 4. 紫红色 5. 紫色	紫红色
8	花药色	1. 白色 2. 黄色 3. 浅紫色 4. 紫红色 5. 紫色	黄色
9	苞状鞘颜色	1. 绿色 2. 浅红色 3. 红色 4. 紫红色 5. 紫色	绿色
10	幼果颜色	1. 绿色 2. 浅红色 3. 红色 4. 紫红色 5. 紫色	绿色
11	总苞颜色（果壳色）	1. 白色 2. 黄白色 3. 黄色 4. 灰色 5. 棕色 6. 深棕色 7. 蓝色 8. 褐色 9. 深褐色 10. 黑色	深褐色
12	总苞形状	1. 卵圆形 2. 近圆柱形 3. 椭圆形 4. 近圆形	椭圆形
13	总苞质地	1. 珐琅质 2. 甲壳质	甲壳质
14	种仁色	1. 白色 2. 浅黄色 3. 棕色 4. 红色	浅黄色
15	熟性	1. 特早熟 2. 早熟 3. 中熟 4. 晚熟 5. 特晚熟	早熟
16	胚乳类型	1. 粳性 2. 糯性	糯性

94. 贵州薏苡

植物学分类： 薏米（变种）*C. chinensis* var. *chinensis* Tod.

种质资源库编号： ZI000349

资源类型： 地方品种

来源： 贵州省

用途： 粒用，种仁食用或作为药材、保健品等的原料。

特征特性： 在贵州兴义种植，生育期 144 d；根系发达，株型直立，单株分蘖数平均 4.6 个，株高 136.2 cm，着粒层 131.2 cm，主茎粗 11.1 mm，主茎节数 9 节，分枝节位为第 2 节；苗期芽鞘、叶鞘和幼苗叶片均为绿色；开花期柱头紫红色，花药黄色，幼果绿色；成熟期总苞深褐色、甲壳质地、椭圆形，粒长 10.84 mm，粒宽 6.17 mm，百粒重 11.27 g。

形态测试特征

序号	性状	状态描述	测量值
1	芽鞘色	1. 浅黄色　2. 绿色　3. 紫色	绿色
2	叶鞘色	1. 白色　2. 绿色　3. 紫色	绿色
3	幼苗叶色	1. 绿色　2. 红色　3. 紫色	绿色
4	幼苗生长习性	1. 直立　2. 中间　3. 匍匐	直立
5	茎秆颜色	1. 绿色　2. 浅红色　3. 红色　4. 紫红色　5. 紫色	绿色
6	茎部蜡粉	1. 无　2. 有	有
7	柱头色	1. 白色　2. 黄色　3. 浅紫色　4. 紫红色　5. 紫色	紫红色
8	花药色	1. 白色　2. 黄色　3. 浅紫色　4. 紫红色　5. 紫色	黄色
9	苞状鞘颜色	1. 绿色　2. 浅红色　3. 红色　4. 紫红色　5. 紫色	绿色
10	幼果颜色	1. 绿色　2. 浅红色　3. 红色　4. 紫红色　5. 紫色	绿色
11	总苞颜色（果壳色）	1. 白色　2. 黄白色　3. 黄色　4. 灰色　5. 棕色　6. 深棕色　7. 蓝色　8. 褐色　9. 深褐色　10. 黑色	深褐色
12	总苞形状	1. 卵圆形　2. 近圆柱形　3. 椭圆形　4. 近圆形	椭圆形
13	总苞质地	1. 珐琅质　2. 甲壳质	甲壳质
14	种仁色	1. 白色　2. 浅黄色　3. 棕色　4. 红色	浅黄色
15	熟性	1. 特早熟　2. 早熟　3. 中熟　4. 晚熟　5. 特晚熟	早熟
16	胚乳类型	1. 粳性　2. 糯性	糯性

95. 石英薏苡

植物学分类： 薏米（变种）*C. chinensis* var. *chinensis* Tod.

种质资源库编号： ZI000350

资源类型： 地方品种

来源： 贵州省

用途： 粒用，种仁食用或作为药材、保健品等的原料。

特征特性： 在贵州兴义种植，生育期 144 d；株型直立，单株分蘖数平均 5.0 个，株高 145.2 cm，着粒层 137.2 cm，主茎粗 9.7 mm，主茎节数 10 节，分枝节位为第 3 节；苗期芽鞘和叶鞘均为紫色，幼苗叶片绿色；开花期柱头紫色或紫红色，花药黄色，幼果绿色；成熟期总苞黄白色、甲壳质地、椭圆形，具喙和纵长条纹，粒长 9.55 mm，粒宽 6.45 mm，百粒重 8.88 g。

形态测试特征

序号	性状	状态描述	测量值
1	芽鞘色	1. 浅黄色　2. 绿色　3. 紫色	紫色
2	叶鞘色	1. 白色　2. 绿色　3. 紫色	紫色
3	幼苗叶色	1. 绿色　2. 红色　3. 紫色	绿色
4	幼苗生长习性	1. 直立　2. 中间　3. 匍匐	直立
5	茎秆颜色	1. 绿色　2. 浅红色　3. 红色　4. 紫红色　5. 紫色	绿色
6	茎部蜡粉	1. 无　2. 有	有
7	柱头色	1. 白色　2. 黄色　3. 浅紫色　4. 紫红色　5. 紫色	紫色
8	花药色	1. 白色　2. 黄色　3. 浅紫色　4. 紫红色　5. 紫色	黄色
9	苞状鞘颜色	1. 绿色　2. 浅红色　3. 红色　4. 紫红色　5. 紫色	绿色
10	幼果颜色	1. 绿色　2. 浅红色　3. 红色　4. 紫红色　5. 紫色	绿色
11	总苞颜色（果壳色）	1. 白色　2. 黄白色　3. 黄色　4. 灰色　5. 棕色　6. 深棕色　7. 蓝色　8. 褐色　9. 深褐色　10. 黑色	黄白色
12	总苞形状	1. 卵圆形　2. 近圆柱形　3. 椭圆形　4. 近圆形	椭圆形
13	总苞质地	1. 珐琅质　2. 甲壳质	甲壳质
14	种仁色	1. 白色　2. 浅黄色　3. 棕色　4. 红色	浅黄色
15	熟性	1. 特早熟　2. 早熟　3. 中熟　4. 晚熟　5. 特晚熟	中熟
16	胚乳类型	1. 粳性　2. 糯性	糯性

96. 盘县五谷

植物学分类： 薏米（变种）*C. chinensis* var. *chinensis* Tod.

种质资源库编号： ZI000352

资源类型： 栽培品种

来源： 贵州省

用途： 粒用，种仁食用或作为药材、保健品等的原料。

特征特性： 在贵州兴义种植，生育期 144d；株型直立，株高 199.2cm，着粒层 150.6 cm，主茎粗 14.9 mm，单株分蘖数平均 4.4 个，主茎节数 12.0 节，分枝节位为第 3 节；苗期芽鞘和叶鞘均为紫色，幼苗叶片红色；开花期柱头紫色，花药黄色，幼果和苞状鞘均为紫红色；成熟期总苞深褐色或黑色、甲壳质地、椭圆形，具喙和纵长条纹，粒长 9.84 mm，粒宽 6.71 mm，百粒重 11.25 g。

形态测试特征

序号	性状	状态描述	测量值
1	芽鞘色	1. 浅黄色 2. 绿色 3. 紫色	紫色
2	叶鞘色	1. 白色 2. 绿色 3. 紫色	紫色
3	幼苗叶色	1. 绿色 2. 红色 3. 紫色	红色
4	幼苗生长习性	1. 直立 2. 中间 3. 匍匐	直立
5	茎秆颜色	1. 绿色 2. 浅红色 3. 红色 4. 紫红色 5. 紫色	紫红色
6	茎部蜡粉	1. 无 2. 有	有
7	柱头色	1. 白色 2. 黄色 3. 浅紫色 4. 紫红色 5. 紫色	紫色
8	花药色	1. 白色 2. 黄色 3. 浅紫色 4. 紫红色 5. 紫色	黄色
9	苞状鞘颜色	1. 绿色 2. 浅红色 3. 红色 4. 紫红色 5. 紫色	紫红色
10	幼果颜色	1. 绿色 2. 浅红色 3. 红色 4. 紫红色 5. 紫色	紫红色
11	总苞颜色（果壳色）	1. 白色 2. 黄白色 3. 黄色 4. 灰色 5. 惊色 6. 深棕色 7. 蓝色 8. 褐色 9. 深褐色 10. 黑色	黑色
12	总苞形状	1. 卵圆形 2. 近圆柱形 3. 椭圆形 4. 近圆形	椭圆形
13	总苞质地	1. 珐琅质 2. 甲壳质	甲壳质
14	种仁色	1. 白色 2. 浅黄色 3. 棕色 4. 红色	浅黄色
15	熟性	1. 特早熟 2. 早熟 3. 中熟 4. 晚熟 5. 特晚熟	中熟
16	胚乳类型	1. 粳性 2. 糯性	糯性

97. 锦屏白薏米

植物学分类：薏米（变种）*C. chinensis* var. *chinensis* Tod.

种质资源库编号：ZI000364

资源类型：地方品种

来源：贵州省

用途：粒用，种仁食用或作为药材、保健品等的原料。

特征特性：在贵州兴义种植，生育期163d；根系发达，株型直立，株高167.4 cm，着粒层152.2 cm，主茎粗11.9 mm，单株分蘖数平均6.0个，主茎节数10.0节；苗期芽鞘和叶鞘均为紫色，幼苗叶片绿色；开花期柱头紫红色，花药黄色，幼果和苞状鞘均为绿色；成熟期总苞黄白色、甲壳质地、椭圆形，具喙和纵长条纹，粒长9.69 mm，粒宽6.88 mm，百粒重9.32 g；种仁浅黄色，胚乳糯性。

形态测试特征

序号	性状	状态描述	测量值
1	芽鞘色	1. 浅黄色 2. 绿色 3. 紫色	紫色
2	叶鞘色	1. 白色 2. 绿色 3. 紫色	紫色
3	幼苗叶色	1. 绿色 2. 红色 3. 紫色	绿色
4	幼苗生长习性	1. 直立 2. 中间 3. 匍匐	直立
5	茎秆颜色	1. 绿色 2. 浅红色 3. 红色 4. 紫红色 5. 紫色	绿色
6	茎部蜡粉	1. 无 2. 有	有
7	柱头色	1. 白色 2. 黄色 3. 浅紫色 4. 紫红色 5. 紫色	紫红色
8	花药色	1. 白色 2. 黄色 3. 浅紫色 4. 紫红色 5. 紫色	黄色
9	苞状鞘颜色	1. 绿色 2. 浅红色 3. 红色 4. 紫红色 5. 紫色	绿色
10	幼果颜色	1. 绿色 2. 浅红色 3. 红色 4. 紫红色 5. 紫色	绿色
11	总苞颜色（果壳色）	1. 白色 2. 黄白色 3. 黄色 4. 灰色 5. 棕色 6. 深棕色 7. 蓝色 8. 褐色 9. 深褐色 10. 黑色	黄白色
12	总苞形状	1. 卵圆形 2. 近圆柱形 3. 椭圆形 4. 近圆形	椭圆形
13	总苞质地	1. 珐琅质 2. 甲壳质	甲壳质
14	种仁色	1. 白色 2. 浅黄色 3. 棕色 4. 红色	浅黄色
15	熟性	1. 特早熟 2. 早熟 3. 中熟 4. 晚熟 5. 特晚熟	中熟
16	胚乳类型	1. 粳性 2. 糯性	糯性

98. 兴仁白壳

植物学分类： 薏米（变种）*C. chinensis* var. *chinensis* Tod.

种质资源库编号： ZI000404

资源类型： 地方品种

来源： 贵州省

用途： 粒用，种仁食用或作为药材、保健品等的原料。

特征特性： 在贵州兴义种植，生育期160 d左右；株型直立，株高210~230 cm，单株分蘖数3～5个，茎节12～13节，一级分枝8～10个；苗期芽鞘和叶鞘均为紫色，幼苗叶片绿色；开花时柱头紫红色、花药黄色；灌浆期果实绿色，成熟时颖果黄白色；薏粒数80～100粒；成熟期总苞黄白色、椭圆形、甲壳质地，百粒重9.0～10.0 g；种仁浅黄色，胚乳糯性。

形态测试特征

序号	性状	状态描述	测量值
1	芽鞘色	1. 浅黄色 2. 绿色 3. 紫色	紫色
2	叶鞘色	1. 白色 2. 绿色 3. 紫色	紫色
3	幼苗叶色	1. 绿色 2. 红色 3. 紫色	绿色
4	幼苗生长习性	1. 直立 2. 中间 3. 匍匐	直立
5	茎秆颜色	1. 绿色 2. 浅红色 3. 红色 4. 紫红色 5. 紫色	绿色
6	茎部蜡粉	1. 无 2. 有	有
7	柱头色	1. 白色 2. 黄色 3. 浅紫色 4. 紫红色 5. 紫色	紫红色
8	花药色	1. 白色 2. 黄色 3. 浅紫色 4. 紫红色 5. 紫色	黄色
9	苞状鞘颜色	1. 绿色 2. 浅红色 3. 红色 4. 紫红色 5. 紫色	绿色
10	幼果颜色	1. 绿色 2. 浅红色 3. 红色 4. 紫红色 5. 紫色	绿色
11	总苞颜色（果壳色）	1. 白色 2. 黄白色 3. 黄色 4. 灰色 5. 棕色 6. 深棕色 7. 蓝色 8. 褐色 9. 深褐色 10. 黑色	黄白色
12	总苞形状	1. 卵圆形 2. 近圆柱形 3. 椭圆形 4. 近圆形	椭圆形
13	总苞质地	1. 珐琅质 2. 甲壳质	甲壳质
14	种仁色	1. 白色 2. 浅黄色 3. 棕色 4. 红色	浅黄色
15	熟性	1. 特早熟 2. 早熟 3. 中熟 4. 晚熟 5. 特晚熟	中熟
16	胚乳类型	1. 粳性 2. 糯性	糯性

99. 新甲水生薏苡

植物学分类：水生薏苡（种）*C. aquatica* Roxb.
种质资源库编号：GXB2017020
资源类型：野生资源
来源：广西壮族自治区靖西市
用途：具有雄性不育、抗性好及植株健壮的特性，可作为杂交母本及遗传育种材料；具有根系发达、茎秆粗壮和水生特性，可种植于河流、水库边以固沙固土；在水中生长能大量吸收水体中的富氮、磷，使水体得以净化；新鲜嫩茎叶可作为牛羊牧草饲料及制作鱼饲料；总苞可做纽扣、手镯、碗碟垫等工艺品，茎秆可编织手提篮筐等用品；根煮水食用可去蛔虫，叶煮水食用可消暑，暖胃益气血等。
特征特性：在广西南宁春播种植，花果期 9~12 月；株高 331.8 cm，单株茎蘖数平均 12.0 个，茎粗 13.8 mm，主茎节数 21 节，着粒层 92.0 cm。属多年生草本，抗性强。根系发达，茎秆粗壮呈浅红色，茎基部横卧地面，茎内海绵体发达，茎秆髓部蒲心、无汁、气孔发达、通透性强，叶片细长呈披针形。总状花梗较粗，总状花序腋生，开花期柱头紫色；雄小穗无花药，为雄性不育薏苡；雌小穗着生珐琅质黄色总苞，卵圆形，先端收窄成喙状，粒长 12.1 mm，粒宽 6.2 mm，百粒重 5.18 g，内无种仁。

形态测试特征

序号	性状	状态描述	测量值
1	芽鞘色	1. 浅黄色 2. 绿色 3. 紫色	紫色
2	叶鞘色	1. 白色 2. 绿色 3. 紫色	紫色
3	幼苗叶色	1. 绿色 2. 红色 3. 紫色	绿色
4	幼苗生长习性	1. 直立 2. 中间 3. 匍匐	匍匐
5	茎秆颜色	1. 绿色 2. 浅红色 3. 红色 4. 紫红色 5. 紫色	浅红色
6	茎部蜡粉	1. 无 2. 有	无
7	柱头色	1. 白色 2. 黄色 3. 浅紫色 4. 紫红色 5. 紫色	紫色
8	花药色	1. 白色 2. 黄色 3. 浅紫色 4. 紫红色 5. 紫色	无
9	苞状鞘颜色	1. 绿色 2. 浅红色 3. 红色 4. 紫红色 5. 紫色	绿色
10	幼果颜色	1. 绿色 2. 浅红色 3. 红色 4. 紫红色 5. 紫色	绿色
11	总苞颜色（果壳色）	1. 白色 2. 黄白色 3. 黄色 4. 灰色 5. 棕色 6. 深棕色 7. 蓝色 8. 褐色 9. 深褐色 10. 黑色	黄色
12	总苞形状	1. 卵圆形 2. 近圆柱形 3. 椭圆形 4. 近圆形	卵圆形
13	总苞质地	1. 珐琅质 2. 甲壳质	珐琅质
14	种仁色	1. 白色 2. 浅黄色 3. 棕色 4. 红色	无
15	熟性	1. 特早熟 2. 早熟 3. 中熟 4. 晚熟 5. 特晚熟	晚熟
16	胚乳类型	1. 粳性 2. 糯性	无

100. 尚宁水生薏苡

植物学分类： 水生薏苡（种）*C. aquatica* Roxb.

种质资源库编号： GXB2017051

资源类型： 野生资源

来源： 广西壮族自治区忻城县

用途： 具有雄性不育、抗性好及植株健壮的特性，可作为杂交母本及遗传育种材料；具有根系发达、茎秆粗壮和水生特性，可种植于河流、水库边以固沙固土；在水中生长能大量吸收水体中的富氮、磷元素，使水体得以净化；新鲜茎叶可作为牛羊牧草饲料及制作鱼饲料；根、茎、叶煮水食用可清热消暑。

特征特性： 在广西南宁种植，9 ~ 12 月开花结果；株高 285 cm，单株分蘖数平均 9.3 个，茎粗 11.4 mm，主茎节数 19 节，着粒层 75 cm；多年生，抗性强。根系发达，茎秆粗壮呈浅红色，茎基部横卧地面，茎内海绵体发达，茎秆髓部蒲心、无汁、气孔发达、通透性强，叶片细长呈披针形。总状花梗较粗，总状花序腋生，开花期柱头紫红色，雄小穗无花药，为雄性不育薏苡；雌小穗着生珐琅质黄白色总苞，椭圆形，先端收窄成喙状，粒长 11.5 mm，粒宽 6.9 mm，百粒重 4.86 g，内无种仁。

形态测试特征

序号	性状	状态描述	测量值
1	芽鞘色	1. 浅黄色　2. 绿色　3. 紫色	紫色
2	叶鞘色	1. 白色　2. 绿色　3. 紫色	紫色
3	幼苗叶色	1. 绿色　2. 红色　3. 紫色	绿色
4	幼苗生长习性	1. 直立　2. 中间　3. 匍匐	匍匐
5	茎秆颜色	1. 绿色　2. 浅红色　3. 红色　4. 紫红色　5. 紫色	浅红色
6	茎部蜡粉	1. 无　2. 有	无
7	柱头色	1. 白色　2. 黄色　3. 浅紫色　4. 紫红色　5. 紫色	紫红色
8	花药色	1. 白色　2. 黄色　3. 浅紫色　4. 紫红色　5. 紫色	无
9	苞状鞘颜色	1. 绿色　2. 浅红色　3. 红色　4. 紫红色　5. 紫色	绿色
10	幼果颜色	1. 绿色　2. 浅红色　3. 红色　4. 紫红色　5. 紫色	绿色
11	总苞颜色（果壳色）	1. 白色　2. 黄白色　3. 黄色　4. 灰色　5. 棕色　6. 深棕色　7. 蓝色　8. 褐色　9. 深褐色　10. 黑色	黄白色
12	总苞形状	1. 卵圆形　2. 近圆柱形　3. 椭圆形　4. 近圆形	椭圆形
13	总苞质地	1. 珐琅质　2. 甲壳质	珐琅质
14	种仁色	1. 白色　2. 浅黄色　3. 棕色　4. 红色	无
15	熟性	1. 特早熟　2. 早熟　3. 中熟　4. 晚熟　5. 特晚熟	晚熟
16	胚乳类型	1. 粳性　2. 糯性	无

101. 黎明薏苡

植物学分类： 小珠薏苡（种）*C. puellarum* Balansa
种质资源库编号： GXB2020017
资源类型： 野生资源
来源： 广西壮族自治区平果市
用途： 嫩茎叶可饲用，总苞可做工艺品，种仁可食用或药用，根、茎、叶均可药用。
特征特性： 在广西南宁种植，生育期 185 d；株高 129.7 cm，茎粗 7.7 mm，主茎节数 11.0 节，单株茎蘖数平均 8.0 个，着粒层 99.4 cm；苗期匍匐生长，芽鞘和叶鞘均为绿色，幼苗叶片绿色，茎秆光滑无蜡粉；开花期柱头白色，花药黄色；成熟期总苞黑色、卵圆形、珐琅质地，百粒重 10.71 g，粒长 7.8 mm，粒宽 5.4 mm；种仁棕色，百仁重 3.68 g，长度 4.4 mm，宽度 4.0 mm，胚乳粳性。

形态测试特征

序号	性状	状态描述	测量值
1	芽鞘色	1. 浅黄色 2. 绿色 3. 紫色	绿色
2	叶鞘色	1. 白色 2. 绿色 3. 紫色	绿色
3	幼苗叶色	1. 绿色 2. 红色 3. 紫色	绿色
4	幼苗生长习性	1. 直立 2. 中间 3. 匍匐	匍匐
5	茎秆颜色	1. 绿色 2. 浅红色 3. 红色 4. 紫红色 5. 紫色	绿色
6	茎部蜡粉	1. 无 2. 有	无
7	柱头色	1. 白色 2. 黄色 3. 浅紫色 4. 紫红色 5. 紫色	白色
8	花药色	1. 白色 2. 黄色 3. 浅紫色 4. 紫红色 5. 紫色	黄色
9	苞状鞘颜色	1. 绿色 2. 浅红色 3. 红色 4. 紫红色 5. 紫色	浅红色
10	幼果颜色	1. 绿色 2. 浅红色 3. 红色 4. 紫红色 5. 紫色	绿色
11	总苞颜色（果壳色）	1. 白色 2. 黄白色 3. 黄色 4. 灰色 5. 棕色 6. 深棕色 7. 蓝色 8. 褐色 9. 深褐色 10. 黑色	黑色
12	总苞形状	1. 卵圆形 2. 近圆柱形 3. 椭圆形 4. 近圆形	卵圆形
13	总苞质地	1. 珐琅质 2. 甲壳质	珐琅质
14	种仁色	1. 白色 2. 浅黄色 3. 棕色 4. 红色	棕色
15	熟性	1. 特早熟 2. 早熟 3. 中熟 4. 晚熟 5. 特晚熟	晚熟
16	胚乳类型	1. 粳性 2. 糯性	粳性

2 cm

102. 朔良薏苡

植物学分类： 小珠薏苡（种）*C. puellarum* Balansa

种质资源库编号： GXB2020014

资源类型： 野生资源

来源： 广西壮族自治区田东县

用途： 嫩茎叶可饲用，总苞可做工艺品，种仁可食用或药用，根茎可药用。

特征特性： 在广西南宁春播种植，生育期 140 d；株高 190.2 cm，茎粗 10.3 mm，主茎节数 11.0 节，单株分蘖数平均 9.6 个，着粒层 82.8 cm；苗期匍匐生长，芽鞘和叶鞘均为紫色，幼苗叶片绿色；开花期柱头紫红色，花药黄色，苞状鞘和茎秆均为绿色，茎秆具蜡粉；成熟期总苞褐色、卵圆形、珐琅质地，百粒重 9.15 g，粒长 7.0 mm，粒宽 5.0 mm；种仁棕色，百仁重 3.63 g，长度 4.1 mm，宽度 3.9 mm，胚乳粳性。

形态测试特征

序号	性状	状态描述	测量值
1	芽鞘色	1. 浅黄色 2. 绿色 3. 紫色	紫色
2	叶鞘色	1. 白色 2. 绿色 3. 紫色	紫色
3	幼苗叶色	1. 绿色 2. 红色 3. 紫色	绿色
4	幼苗生长习性	1. 直立 2. 中间 3. 匍匐	匍匐
5	茎秆颜色	1. 绿色 2. 浅红色 3. 红色 4. 紫红色 5. 紫色	绿色
6	茎部蜡粉	1. 无 2. 有	有
7	柱头色	1. 白色 2. 黄色 3. 浅紫色 4. 紫红色 5. 紫色	紫红色
8	花药色	1. 白色 2. 黄色 3. 浅紫色 4. 紫红色 5. 紫色	黄色
9	苞状鞘颜色	1. 绿色 2. 浅红色 3. 红色 4. 紫红色 5. 紫色	绿色
10	幼果颜色	1. 绿色 2. 浅红色 3. 红色 4. 紫红色 5. 紫色	绿色
11	总苞颜色（果壳色）	1. 白色 2. 黄白色 3. 黄色 4. 灰色 5. 棕色 6. 深棕色 7. 蓝色 8. 褐色 9. 深褐色 10. 黑色	褐色
12	总苞形状	1. 卵圆形 2. 近圆柱形 3. 椭圆形 4. 近圆形	卵圆形
13	总苞质地	1. 珐琅质 2. 甲壳质	珐琅质
14	种仁色	1. 白色 2. 浅黄色 3. 棕色 4. 红色	棕色
15	熟性	1. 特早熟 2. 早熟 3. 中熟 4. 晚熟 5. 特晚熟	中熟
16	胚乳类型	1. 粳性 2. 糯性	粳性

1 cm

103. 桥业野薏苡

植物学分类： 薏苡（变种）*C. lacryma-jobi* var. *lacryma-jobi*
种质资源库编号： GXB2020009
资源类型： 野生资源
来源： 广西壮族自治区百色市右江区
用途： 嫩茎叶可饲用，总苞可做工艺品，种仁可食用或药用。
特征特性： 在广西南宁春播种植，生育期 162 d；株高 194.7 cm，茎粗 14.4 mm，主茎节数 15.0 节，单株分蘖数平均 9.4 个，着粒层 85.6 cm；苗期直立生长，芽鞘和叶鞘均为紫色，幼苗叶片绿色；开花期柱头浅紫色，花药黄色，苞状鞘绿色，茎秆红色具蜡粉；成熟期总苞褐色、近圆形、珐琅质地，百粒重 24.78 g，粒长 8.5 mm，粒宽 7.8 mm；种仁棕色，百仁重 8.53 g，长度 4.7 mm，宽度 5.9 mm，胚乳粳性。

形态测试特征

序号	性状	状态描述	测量值
1	芽鞘色	1. 浅黄色　2. 绿色　3. 紫色	紫色
2	叶鞘色	1. 白色　2. 绿色　3. 紫色	紫色
3	幼苗叶色	1. 绿色　2. 红色　3. 紫色	绿色
4	幼苗生长习性	1. 直立　2. 中间　3. 匍匐	直立
5	茎秆颜色	1. 绿色　2. 浅红色　3. 红色　4. 紫红色　5. 紫色	红色
6	茎部蜡粉	1. 无　2. 有	有
7	柱头色	1. 白色　2. 黄色　3. 浅紫色　4. 紫红色　5. 紫色	浅紫色
8	花药色	1. 白色　2. 黄色　3. 浅紫色　4. 紫红色　5. 紫色	黄色
9	苞状鞘颜色	1. 绿色　2. 浅红色　3. 红色　4. 紫红色　5. 紫色	绿色
10	幼果颜色	1. 绿色　2. 浅红色　3. 红色　4. 紫红色　5. 紫色	绿色
11	总苞颜色（果壳色）	1. 白色　2. 黄白色　3. 黄色　4. 灰色　5. 棕色　6. 深棕色　7. 蓝色　8. 褐色　9. 深褐色　10. 黑色	褐色
12	总苞形状	1. 卵圆形　2. 近圆柱形　3. 椭圆形　4. 近圆形	近圆形
13	总苞质地	1. 珐琅质　2. 甲壳质	珐琅质
14	种仁色	1. 白色　2. 浅黄色　3. 棕色　4. 红色	棕色
15	熟性	1. 特早熟　2. 早熟　3. 中熟　4. 晚熟　5. 特晚熟	中熟
16	胚乳类型	1. 粳性　2. 糯性	粳性

104. 平山五谷

植物学分类： 薏苡（变种）*C. lacryma-jobi var. lacryma-jobi*
种质资源库编号： GXB2019030
资源类型： 野生资源
来源： 广西壮族自治区田林县
用途： 嫩茎叶可饲用，总苞可做工艺品，种仁可食用或药用，还可作为培育矮秆品种的亲本材料。
特征特性： 在广西南宁春播种植，生育期 119 d；株高 74.2 cm，茎粗 7.5 mm，主茎节数 11.0 节，单株分蘖数平均 7.5 个，着粒层 41.5 cm；苗期匍匐生长，芽鞘和叶鞘均为紫色，幼苗叶片绿色；开花期柱头白色，花药黄色，苞状鞘和茎秆均为绿色，茎秆光滑无蜡粉；成熟期总苞褐色、卵圆形、珐琅质地，百粒重 23.09 g，粒长 10.6 mm，粒宽 8.2 mm；种仁红色，百仁重 5.23 g，长度 4.7 mm，宽度 5.1 mm，胚乳粳性。

形态测试特征

序号	性状	状态描述	测量值
1	芽鞘色	1. 浅黄色　2. 绿色　3. 紫色	紫色
2	叶鞘色	1. 白色　2. 绿色　3. 紫色	紫色
3	幼苗叶色	1. 绿色　2. 红色　3. 紫色	绿色
4	幼苗生长习性	1. 直立　2. 中间　3. 匍匐	匍匐
5	茎秆颜色	1. 绿色　2. 浅红色　3. 红色　4. 紫红色　5. 紫色	绿色
6	茎部蜡粉	1. 无　2. 有	无
7	柱头色	1. 白色　2. 黄色　3. 浅紫色　4. 紫红色　5. 紫色	白色
8	花药色	1. 白色　2. 黄色　3. 浅紫色　4. 紫红色　5. 紫色	黄色
9	苞状鞘颜色	1. 绿色　2. 浅红色　3. 红色　4. 紫红色　5. 紫色	绿色
10	幼果颜色	1. 绿色　2. 浅红色　3. 红色　4. 紫红色　5. 紫色	绿色
11	总苞颜色（果壳色）	1. 白色　2. 黄白色　3. 黄色　4. 灰色　5. 棕色　6. 深棕色　7. 蓝色　8. 褐色　9. 深褐色　10. 黑色	褐色
12	总苞形状	1. 卵圆形　2. 近圆柱形　3. 椭圆形　4. 近圆形	卵圆形
13	总苞质地	1. 珐琅质　2. 甲壳质	珐琅质
14	种仁色	1. 白色　2. 浅黄色　3. 棕色　4. 红色	红色
15	熟性	1. 特早熟　2. 早熟　3. 中熟　4. 晚熟　5. 特晚熟	早熟
16	胚乳类型	1. 粳性　2. 糯性	粳性

105. 福平薏苡

植物学分类： 薏苡（变种）*C. lacryma-jobi* var. *lacryma-jobi*
种质资源库编号： GXB2018059
资源类型： 野生资源
来源： 广西壮族自治区环江毛南族自治县
用途： 嫩茎叶可饲用，总苞可做工艺品，种仁可食用或药用。
特征特性： 在广西南宁春播种植，生育期 122 d；株高 126.8 cm，茎粗 7.5 mm，主茎节数 13.0 节，单株分蘖数平均 8.6 个，着粒层 56.8 cm；苗期匍匐生长，芽鞘和叶鞘均为紫色，幼苗叶片绿色；开花期柱头紫色，花药黄色，苞状鞘和茎秆均为绿色，茎秆光滑无蜡粉；成熟期总苞棕色、卵圆形、珐琅质地，百粒重 18.57 g，粒长 9.2 mm，粒宽 6.1 mm；种仁棕色，百仁重 5.48 g，长度 4.6 mm，宽度 4.8 mm，胚乳粳性。

形态测试特征

序号	性状	状态描述	测量值
1	芽鞘色	1. 浅黄色　2. 绿色　3. 紫色	紫色
2	叶鞘色	1. 白色　2. 绿色　3. 紫色	紫色
3	幼苗叶色	1. 绿色　2. 红色　3. 紫色	绿色
4	幼苗生长习性	1. 直立　2. 中间　3. 匍匐	匍匐
5	茎秆颜色	1. 绿色　2. 浅红色　3. 红色　4. 紫红色　5. 紫色	绿色
6	茎部蜡粉	1. 无　2. 有	无
7	柱头色	1. 白色　2. 黄色　3. 浅紫色　4. 紫红色　5. 紫色	紫色
8	花药色	1. 白色　2. 黄色　3. 浅紫色　4. 紫红色　5. 紫色	黄色
9	苞状鞘颜色	1. 绿色　2. 浅红色　3. 红色　4. 紫红色　5. 紫色	绿色
10	幼果颜色	1. 绿色　2. 浅红色　3. 红色　4. 紫红色　5. 紫色	绿色
11	总苞颜色（果壳色）	1. 白色　2. 黄白色　3. 黄色　4. 灰色　5. 棕色　6. 深棕色　7. 蓝色　8. 褐色　9. 深褐色　10. 黑色	棕色
12	总苞形状	1. 卵圆形　2. 近圆柱形　3. 椭圆形　4. 近圆形	卵圆形
13	总苞质地	1. 珐琅质　2. 甲壳质	珐琅质
14	种仁色	1. 白色　2. 浅黄色　3. 棕色　4. 红色	棕色
15	熟性	1. 特早熟　2. 早熟　3. 中熟　4. 晚熟　5. 特晚熟	早熟
16	胚乳类型	1. 粳性　2. 糯性	粳性

106. 水源薏苡

植物学分类：薏苡（变种）*C. lacryma-jobi* var. *lacryma-jobi*
种质资源库编号：GXB2018075
资源类型：野生资源
来源：广西壮族自治区环江毛南族自治县
用途：嫩茎叶可饲用，总苞可做工艺品，种仁可食用或药用。
特征特性：在广西南宁春播种植，生育期 128 d；株高 189.3 cm，茎粗 11.3 mm，主茎节数 15.0 节，单株分蘖数平均 6.0 个，着粒层 89.6 cm；苗期直立生长，芽鞘和叶鞘均为紫色，幼苗叶片绿色；开花期柱头紫色，花药黄色，苞状鞘和茎秆均为浅红色，茎秆具蜡粉；成熟期总苞灰色、卵圆形、珐琅质地，百粒重 11.23 g，粒长 8.6 mm，粒宽 4.9 mm；种仁红棕色，百仁重 3.36 g，长度 4.1 mm，宽度 4.1 mm，胚乳粳性。

形态测试特征

序号	性状	状态描述	测量值
1	芽鞘色	1. 浅黄色　2. 绿色　3. 紫色	紫色
2	叶鞘色	1. 白色　2. 绿色　3. 紫色	紫色
3	幼苗叶色	1. 绿色　2. 红色　3. 紫色	绿色
4	幼苗生长习性	1. 直立　2. 中间　3. 匍匐	直立
5	茎秆颜色	1. 绿色　2. 浅红色　3. 红色　4. 紫红色　5. 紫色	浅红色
6	茎部蜡粉	1. 无　2. 有	有
7	柱头色	1. 白色　2. 黄色　3. 浅紫色　4. 紫红色　5. 紫色	紫色
8	花药色	1. 白色　2. 黄色　3. 浅紫色　4. 紫红色　5. 紫色	黄色
9	苞状鞘颜色	1. 绿色　2. 浅红色　3. 红色　4. 紫红色　5. 紫色	浅红色
10	幼果颜色	1. 绿色　2. 浅红色　3. 红色　4. 紫红色　5. 紫色	绿色
11	总苞颜色（果壳色）	1. 白色　2. 黄白色　3. 黄色　4. 灰色　5. 棕色　6. 深棕色　7. 蓝色　8. 褐色　9. 深褐色　10. 黑色	灰色
12	总苞形状	1. 卵圆形　2. 近圆柱形　3. 椭圆形　4. 近圆形	卵圆形
13	总苞质地	1. 珐琅质　2. 甲壳质	珐琅质
14	种仁色	1. 白色　2. 浅黄色　3. 棕色　4. 红色	红棕色
15	熟性	1. 特早熟　2. 早熟　3. 中熟　4. 晚熟　5. 特晚熟	中熟
16	胚乳类型	1. 粳性　2. 糯性	粳性

107. 大蒙薏苡

植物学分类：小珠薏苡（种）*C. puellarum* Balansa
种质资源库编号：GXB2018105
资源类型：野生资源
来源：广西壮族自治区罗城仫佬族自治县
用途：嫩茎叶可饲用，总苞可做工艺品，种仁可食用或药用。
特征特性：在广西南宁春播种植，生育期 157 d；株高 247.2 cm，茎粗 10.3 mm，主茎节数 15.0
节，单株分蘖数平均 6.8 个，着粒层 103.3 cm；苗期匍匐生长，芽鞘和叶鞘均为紫色，幼苗叶
片绿色；开花期柱头浅紫色，花药黄色，苞状鞘和茎秆均为绿色，茎秆具蜡粉；成熟期总苞褐色、
卵圆形、珐琅质地，百粒重 9.74 g，粒长 7.4 mm，粒宽 4.7 mm；种仁红色，百仁重 4.68 g，长
度 4.2 mm，宽度 4.2 mm，胚乳粳性。

形态测试特征

序号	性状	状态描述	测量值
1	芽鞘色	1. 浅黄色 2. 绿色 3. 紫色	紫色
2	叶鞘色	1. 白色 2. 绿色 3. 紫色	紫色
3	幼苗叶色	1. 绿色 2. 红色 3. 紫色	绿色
4	幼苗生长习性	1. 直立 2. 中间 3. 匍匐	匍匐
5	茎秆颜色	1. 绿色 2. 浅红色 3. 红色 4. 紫红色 5. 紫色	绿色
6	茎部蜡粉	1. 无 2. 有	有
7	柱头色	1. 白色 2. 黄色 3. 浅紫色 4. 紫红色 5. 紫色	浅紫色
8	花药色	1. 白色 2. 黄色 3. 浅紫色 4. 紫红色 5. 紫色	黄色
9	苞状鞘颜色	1. 绿色 2. 浅红色 3. 红色 4. 紫红色 5. 紫色	绿色
10	幼果颜色	1. 绿色 2. 浅红色 3. 红色 4. 紫红色 5. 紫色	绿色
11	总苞颜色 （果壳色）	1. 白色 2. 黄白色 3. 黄色 4. 灰色 5. 棕色 6. 深棕色 7. 蓝色 8. 褐色 9. 深褐色 10. 黑色	褐色
12	总苞形状	1. 卵圆形 2. 近圆柱形 3. 椭圆形 4. 近圆形	卵圆形
13	总苞质地	1. 珐琅质 2. 甲壳质	珐琅质
14	种仁色	1. 白色 2. 浅黄色 3. 棕色 4. 红色	红色
15	熟性	1. 特早熟 2. 早熟 3. 中熟 4. 晚熟 5. 特晚熟	中熟
16	胚乳类型	1. 粳性 2. 糯性	粳性

108. 纳王川谷

植物学分类： 小珠薏苡（种）*C. puellarum* Balansa
种质资源库编号： GXB2019036
资源类型： 野生资源
来源： 广西壮族自治区天峨县
用途： 嫩茎叶可饲用，总苞可做工艺品，种仁可食用或药用。
特征特性： 在广西南宁春播种植，生育期 140 d；株高 158.9 cm，茎粗 8.5 mm，主茎节数 13.0 节，单株分蘖数平均 10.3 个，着粒层 77.3 cm；苗期匍匐生长，芽鞘和叶鞘均为紫色，幼苗叶片绿色；开花期柱头紫色，花药黄色，苞状鞘和茎秆均为浅红色，茎秆光滑无蜡粉；成熟期总苞褐色、椭圆形、珐琅质地，百粒重 9.27 g，粒长 8.0 mm，粒宽 5.7 mm；种仁红色，百仁重 3.50 g，长度 4.2 mm，宽度 4.2 mm，胚乳粳性。

形态测试特征

序号	性状	状态描述	测量值
1	芽鞘色	1. 浅黄色　2. 绿色　3. 紫色	紫色
2	叶鞘色	1. 白色　2. 绿色　3. 紫色	紫色
3	幼苗叶色	1. 绿色　2. 红色　3. 紫色	绿色
4	幼苗生长习性	1. 直立　2. 中间　3. 匍匐	匍匐
5	茎秆颜色	1. 绿色　2. 浅红色　3. 红色　4. 紫红色　5. 紫色	浅红色
6	茎部蜡粉	1. 无　2. 有	无
7	柱头色	1. 白色　2. 黄色　3. 浅紫色　4. 紫红色　5. 紫色	紫色
8	花药色	1. 白色　2. 黄色　3. 浅紫色　4. 紫红色　5. 紫色	黄色
9	苞状鞘颜色	1. 绿色　2. 浅红色　3. 红色　4. 紫红色　5. 紫色	浅红色
10	幼果颜色	1. 绿色　2. 浅红色　3. 红色　4. 紫红色　5. 紫色	浅红色
11	总苞颜色（果壳色）	1. 白色　2. 黄白色　3. 黄色　4. 灰色　5. 棕色　6. 深棕色　7. 蓝色　8. 褐色　9. 深褐色　10. 黑色	褐色
12	总苞形状	1. 卵圆形　2. 近圆柱形　3. 椭圆形　4. 近圆形	椭圆形
13	总苞质地	1. 珐琅质　2. 甲壳质	珐琅质
14	种仁色	1. 白色　2. 浅黄色　3. 棕色　4. 红色	红色
15	熟性	1. 特早熟　2. 早熟　3. 中熟　4. 晚熟　5. 特晚熟	中熟
16	胚乳类型	1. 粳性　2. 糯性	粳性

2 cm

109. 常隆薏苡

植物学分类： 薏苡（变种）*C. lacryma-jobi* var. *lacryma-jobi*
种质资源库编号： GXB2019430
资源类型： 野生资源
来源： 广西壮族自治区上思县
用途： 嫩茎叶可饲用，总苞可做工艺品，种仁可食用或药用。
特征特性： 在广西南宁春播种植，生育期 180 d，株高 176.3 cm，茎粗 11.4 mm，主茎节数 11.0 节，单株分蘖数平均 7.2 个，着粒层 48.0 cm；苗期匍匐生长，芽鞘、叶鞘和幼苗叶片均为绿色；开花期柱头白色，花药黄色，苞状鞘和茎秆均为绿色，茎秆具蜡粉；成熟期总苞褐色、卵圆形、珐琅质地，百粒重 11.06 g，粒长 7.9 mm，粒宽 5.5 mm；种仁红色，百仁重 3.50 g，长度 4.0 mm，宽度 4.1 mm，胚乳粳性。

形态测试特征

序号	性状	状态描述	测量值
1	芽鞘色	1. 浅黄色 2. 绿色 3. 紫色	绿色
2	叶鞘色	1. 白色 2. 绿色 3. 紫色	绿色
3	幼苗叶色	1. 绿色 2. 红色 3. 紫色	绿色
4	幼苗生长习性	1. 直立 2. 中间 3. 匍匐	匍匐
5	茎秆颜色	1. 绿色 2. 浅红色 3. 红色 4. 紫红色 5. 紫色	绿色
6	茎部蜡粉	1. 无 2. 有	有
7	柱头色	1. 白色 2. 黄色 3. 浅紫色 4. 紫红色 5. 紫色	白色
8	花药色	1. 白色 2. 黄色 3. 浅紫色 4. 紫红色 5. 紫色	黄色
9	苞状鞘颜色	1. 绿色 2. 浅红色 3. 红色 4. 紫红色 5. 紫色	绿色
10	幼果颜色	1. 绿色 2. 浅红色 3. 红色 4. 紫红色 5. 紫色	绿色
11	总苞颜色（果壳色）	1. 白色 2. 黄白色 3. 黄色 4. 灰色 5. 棕色 6. 深棕色 7. 蓝色 8. 褐色 9. 深褐色 10. 黑色	褐色
12	总苞形状	1. 卵圆形 2. 近圆柱形 3. 椭圆形 4. 近圆形	卵圆形
13	总苞质地	1. 珐琅质 2. 甲壳质	珐琅质
14	种仁色	1. 白色 2. 浅黄色 3. 棕色 4. 红色	红色
15	熟性	1. 特早熟 2. 早熟 3. 中熟 4. 晚熟 5. 特晚熟	晚熟
16	胚乳类型	1. 粳性 2. 糯性	粳性

中国薏苡属分类及
种质资源图鉴 | The Taxonomy and Illustrated Germplasm Resources of
Job's Tears (*Coix* L.) in China | 252

110. 渠坤薏苡

植物学分类：薏苡（变种）*C. lacryma-jobi* var. *lacryma-jobi*
种质资源库编号：GXB2019431
资源类型：野生资源
来源：广西壮族自治区上思县
用途：嫩茎叶可饲用，总苞可做工艺品，种仁可食用或药用。
特征特性：在广西南宁春播种植，生育期 182 d；株高 262.5 cm，茎粗 18.5 mm，主茎节数 15.0 节，单株分蘖数平均 6.6 个，着粒层 101.3 cm；苗期直立生长，芽鞘和叶鞘均为紫色，幼苗叶片绿色；开花期柱头紫色，花药黄色，苞状鞘和茎秆均为浅红色，茎秆具蜡粉；成熟期总苞灰色、近圆形、珐琅质地，百粒重 31.54 g，粒长 8.8 mm，粒宽 8.1 mm；种仁棕色，百仁重 11.22 g，长度 4.9 mm，宽度 6.3 mm，胚乳粳性。

形态测试特征

序号	性状	状态描述	测量值
1	芽鞘色	1. 浅黄色 2. 绿色 3. 紫色	紫色
2	叶鞘色	1. 白色 2. 绿色 3. 紫色	紫色
3	幼苗叶色	1. 绿色 2. 红色 3. 紫色	绿色
4	幼苗生长习性	1. 直立 2. 中间 3. 匍匐	直立
5	茎秆颜色	1. 绿色 2. 浅红色 3. 红色 4. 紫红色 5. 紫色	浅红色
6	茎部蜡粉	1. 无 2. 有	有
7	柱头色	1. 白色 2. 黄色 3. 浅紫色 4. 紫红色 5. 紫色	紫色
8	花药色	1. 白色 2. 黄色 3. 浅紫色 4. 紫红色 5. 紫色	黄色
9	苞状鞘颜色	1. 绿色 2. 浅红色 3. 红色 4. 紫红色 5. 紫色	浅红色
10	幼果颜色	1. 绿色 2. 浅红色 3. 红色 4. 紫红色 5. 紫色	绿色
11	总苞颜色（果壳色）	1. 白色 2. 黄白色 3. 黄色 4. 灰色 5. 棕色 6. 深棕色 7. 蓝色 8. 褐色 9. 深褐色 10. 黑色	灰色
12	总苞形状	1. 卵圆形 2. 近圆柱形 3. 椭圆形 4. 近圆形	近圆形
13	总苞质地	1. 珐琅质 2. 甲壳质	珐琅质
14	种仁色	1. 白色 2. 浅黄色 3. 棕色 4. 红色	棕色
15	熟性	1. 特早熟 2. 早熟 3. 中熟 4. 晚熟 5. 特晚熟	晚熟
16	胚乳类型	1. 粳性 2. 糯性	粳性

111. 海湾薏米

植物学分类： 薏苡（变种）*C. lacryma-jobi* var. *lacryma-jobi*
种质资源库编号： 2016451423
资源类型： 野生资源
来源： 广西壮族自治区宁明县
用途： 嫩茎叶可饲用，总苞可做工艺品，种仁可食用或药用，还可作为培育大粒品种的亲本材料。
特征特性： 在广西南宁春播种植，生育期 185 d；株高 239.7 cm，茎粗 13.3 mm，主茎节数 13.0 节，单株分蘖数平均 7.1 个，着粒层 106 cm；苗期匍匐生长，芽鞘和叶鞘均为紫色，幼苗叶片绿色；开花期柱头紫色，花药黄色，苞状鞘和茎秆均为绿色，茎秆具蜡粉；成熟期总苞灰色、近圆形、珐琅质地，百粒重 28.59 g，粒长 6.9 mm，粒宽 8.5 mm；种仁浅黄色，百仁重 8.08 g，长度 4.4 mm，宽度 5.7 mm，胚乳粳性。

形态测试特征

序号	性状	状态描述	测量值
1	芽鞘色	1. 浅黄色 2. 绿色 3. 紫色	紫色
2	叶鞘色	1. 白色 2. 绿色 3. 紫色	紫色
3	幼苗叶色	1. 绿色 2. 红色 3. 紫色	绿色
4	幼苗生长习性	1. 直立 2. 中间 3. 匍匐	匍匐
5	茎秆颜色	1. 绿色 2. 浅红色 3. 红色 4. 紫红色 5. 紫色	绿色
6	茎部蜡粉	1. 无 2. 有	有
7	柱头色	1. 白色 2. 黄色 3. 浅紫色 4. 紫红色 5. 紫色	紫色
8	花药色	1. 白色 2. 黄色 3. 浅紫色 4. 紫红色 5. 紫色	黄色
9	苞状鞘颜色	1. 绿色 2. 浅红色 3. 红色 4. 紫红色 5. 紫色	绿色
10	幼果颜色	1. 绿色 2. 浅红色 3. 红色 4. 紫红色 5. 紫色	绿色
11	总苞颜色（果壳色）	1. 白色 2. 黄白色 3. 黄色 4. 灰色 5. 棕色 6. 深棕色 7. 蓝色 8. 褐色 9. 深褐色 10. 黑色	灰色
12	总苞形状	1. 卵圆形 2. 近圆柱形 3. 椭圆形 4. 近圆形	近圆形
13	总苞质地	1. 珐琅质 2. 甲壳质	珐琅质
14	种仁色	1. 白色 2. 浅黄色 3. 棕色 4. 红色	浅黄色
15	熟性	1. 特早熟 2. 早熟 3. 中熟 4. 晚熟 5. 特晚熟	晚熟
16	胚乳类型	1. 粳性 2. 糯性	粳性

112. 全茗薏苡

植物学分类：薏苡（变种）*C. lacryma-jobi* var. *lacryma-jobi*
种质资源库编号：GXB2019436
资源类型：野生资源
来源：广西壮族自治区大新县
用途：嫩茎叶可饲用，总苞可做工艺品，种仁食用或药用，还可作为培育大粒品种的亲本材料。
特征特性：在广西南宁春播种植，生育期 180 d；株高 273.6 cm，茎粗 18.2 mm，主茎节数 19.0 节，单株分蘖数平均 7.0 个，着粒层 107 cm；苗期直立生长，芽鞘和叶鞘均为紫色，幼苗叶片绿色；开花期柱头紫色，花药黄色，苞状鞘和茎秆均为浅红色，茎秆具蜡粉；成熟期总苞灰色、近圆形、珐琅质地，百粒重 29.35 g，粒长 8.8 mm，粒宽 7.7 mm；种仁棕色，百仁重 9.69 g，长度 4.9 mm，宽度 6.2 mm，胚乳粳性。

形态测试特征

序号	性状	状态描述	测量值
1	芽鞘色	1. 浅黄色　2. 绿色　3. 紫色	紫色
2	叶鞘色	1. 白色　2. 绿色　3. 紫色	紫色
3	幼苗叶色	1. 绿色　2. 红色　3. 紫色	绿色
4	幼苗生长习性	1. 直立　2. 中间　3. 匍匐	直立
5	茎秆颜色	1. 绿色　2. 浅红色　3. 红色　4. 紫红色　5. 紫色	浅红色
6	茎部蜡粉	1. 无　2. 有	有
7	柱头色	1. 白色　2. 黄色　3. 浅紫色　4. 紫红色　5. 紫色	紫色
8	花药色	1. 白色　2. 黄色　3. 浅紫色　4. 紫红色　5. 紫色	黄色
9	苞状鞘颜色	1. 绿色　2. 浅红色　3. 红色　4. 紫红色　5. 紫色	浅红色
10	幼果颜色	1. 绿色　2. 浅红色　3. 红色　4. 紫红色　5. 紫色	绿色
11	总苞颜色（果壳色）	1. 白色　2. 黄白色　3. 黄色　4. 灰色　5. 棕色　6. 深棕色　7. 蓝色　8. 褐色　9. 深褐色　10. 黑色	灰色
12	总苞形状	1. 卵圆形　2. 近圆柱形　3. 椭圆形　4. 近圆形	近圆形
13	总苞质地	1. 珐琅质　2. 甲壳质	珐琅质
14	种仁色	1. 白色　2. 浅黄色　3. 棕色　4. 红色	棕色
15	熟性	1. 特早熟　2. 早熟　3. 中熟　4. 晚熟　5. 特晚熟	晚熟
16	胚乳类型	1. 粳性　2. 糯性	粳性

113. 龙英薏苡

植物学分类：薏苡（变种）*C. lacryma-jobi* var. *lacryma-jobi*
种质资源库编号：GXB2019438
资源类型：野生资源
来源：广西壮族自治区天等县
用途：嫩茎叶可饲用，总苞可做工艺品，种仁可食用或药用。
特征特性：在广西南宁春播种植，生育期 182 d；株高 197.8 cm，茎粗 10.0 mm，主茎节数 21.0 节，单株分蘖数平均 8.0 个，着粒层 75.2 cm；苗期直立生长，芽鞘和叶鞘均为紫色，幼苗叶片绿色；开花期柱头紫色，花药黄色，苞状鞘和茎秆均为绿色，茎秆具蜡粉；成熟期总苞褐色、椭圆形、珐琅质地，百粒重 12.02 g，粒长 7.9 mm，粒宽 5.6 mm；种仁红色，百仁重 4.14 g，长度 4.6 mm，宽度 4.2 mm，胚乳粳性。

形态测试特征

序号	性状	状态描述	测量值
1	芽鞘色	1. 浅黄色　2. 绿色　3. 紫色	紫色
2	叶鞘色	1. 白色　2. 绿色　3. 紫色	紫色
3	幼苗叶色	1. 绿色　2. 红色　3. 紫色	绿色
4	幼苗生长习性	1. 直立　2. 中间　3. 匍匐	直立
5	茎秆颜色	1. 绿色　2. 浅红色　3. 红色　4. 紫红色　5. 紫色	绿色
6	茎部蜡粉	1. 无　2. 有	有
7	柱头色	1. 白色　2. 黄色　3. 浅紫色　4. 紫红色　5. 紫色	紫色
8	花药色	1. 白色　2. 黄色　3. 浅紫色　4. 紫红色　5. 紫色	黄色
9	苞状鞘颜色	1. 绿色　2. 浅红色　3. 红色　4. 紫红色　5. 紫色	绿色
10	幼果颜色	1. 绿色　2. 浅红色　3. 红色　4. 紫红色　5. 紫色	绿色
11	总苞颜色（果壳色）	1. 白色　2. 黄白色　3. 黄色　4. 灰色　5. 棕色　6.深棕色　7. 蓝色　8. 褐色　9. 深褐色　10. 黑色	褐色
12	总苞形状	1. 卵圆形　2. 近圆柱形　3. 椭圆形　4. 近圆形	椭圆形
13	总苞质地	1. 珐琅质　2. 甲壳质	珐琅质
14	种仁色	1. 白色　2. 浅黄色　3. 棕色　4. 红色	红色
15	熟性	1. 特早熟　2. 早熟　3. 中熟　4. 晚熟　5. 特晚熟	晚熟
16	胚乳类型	1. 粳性　2. 糯性	粳性

114. 福星薏苡

植物学分类：薏苡（变种）*C. lacryma-jobi var. lacryma-jobi*
种质资源库编号：GXB2019439
资源类型：野生资源
来源：广西壮族自治区天等县
用途：嫩茎叶可饲用，总苞可做工艺品，种仁可食用或药用。
特征特性：在广西南宁春播种植，生育期 177 d；株高 265.3 cm，茎粗 11.9 mm，主茎节数 17.0 节，单株分蘖数平均 10.2 个，着粒层 77.3 cm；苗期直立生长，芽鞘和叶鞘均为紫色，幼苗叶片绿色；开花期柱头紫色，花药黄色，苞状鞘浅红色，茎秆红色具蜡粉；成熟期总苞褐色、近圆柱形、珐琅质地，百粒重 18.37 g，粒长 9.4 mm，粒宽 6.3 mm；种仁红色，百仁重 6.30 g，长度 5.4 mm，宽度 4.8 mm，胚乳粳性。

形态测试特征

序号	性状	状态描述	测量值
1	芽鞘色	1. 浅黄色　2. 绿色　3. 紫色	紫色
2	叶鞘色	1. 白色　2. 绿色　3. 紫色	紫色
3	幼苗叶色	1. 绿色　2. 红色　3. 紫色	绿色
4	幼苗生长习性	1. 直立　2. 中间　3. 匍匐	直立
5	茎秆颜色	1. 绿色　2. 浅红色　3. 红色　4. 紫红色　5. 紫色	红色
6	茎部蜡粉	1. 无　2. 有	有
7	柱头色	1. 白色　2. 黄色　3. 浅紫色　4. 紫红色　5. 紫色	紫色
8	花药色	1. 白色　2. 黄色　3. 浅紫色　4. 紫红色　5. 紫色	黄色
9	苞状鞘颜色	1. 绿色　2. 浅红色　3. 红色　4. 紫红色　5. 紫色	浅红色
10	幼果颜色	1. 绿色　2. 浅红色　3. 红色　4. 紫红色　5. 紫色	绿色
11	总苞颜色（果壳色）	1. 白色　2. 黄白色　3. 黄色　4. 灰色　5. 棕色　6. 深棕色　7. 蓝色　8. 褐色　9. 深褐色　10. 黑色	褐色
12	总苞形状	1. 卵圆形　2. 近圆柱形　3. 椭圆形　4. 近圆形	近圆柱形
13	总苞质地	1. 珐琅质　2. 甲壳质	珐琅质
14	种仁色	1. 白色　2. 浅黄色　3. 棕色　4. 红色	红色
15	熟性	1. 特早熟　2. 早熟　3. 中熟　4. 晚熟　5. 特晚熟	晚熟
16	胚乳类型	1. 粳性　2. 糯性	粳性

115. 外盘薏苡

植物学分类：薏苡（变种）*C. lacryma-jobi* var. *lacryma-jobi*
种质资源库编号：GXB2019371
资源类型：野生资源
来源：广西壮族自治区上林县
用途：嫩茎叶可饲用，总苞可做工艺品，薏仁食用或药用。
特征特性：在广西南宁春播种植，生育期 172 d；株高 161.5 cm，茎粗 11.6 mm，主茎节数 11.0 节，单株分蘖数平均 9.0 个，着粒层 54.3 cm；苗期匍匐生长，芽鞘和叶鞘均为紫色，幼苗叶片绿色；开花期柱头紫色，花药黄色，苞状鞘和茎秆均为黄绿色，茎秆具蜡粉；成熟期总苞褐色、椭圆形、珐琅质地，百粒重 25.49 g，粒长 10.3 mm，粒宽 7.4 mm；种仁棕色，百仁重 7.89 g，长度 5.9 mm，宽度 5.2 mm，胚乳粳性。

形态测试特征

序号	性状	状态描述	测量值
1	芽鞘色	1. 浅黄色　2. 绿色　3. 紫色	紫色
2	叶鞘色	1. 白色　2. 绿色　3. 紫色	紫色
3	幼苗叶色	1. 绿色　2. 红色　3. 紫色	绿色
4	幼苗生长习性	1. 直立　2. 中间　3. 匍匐	匍匐
5	茎秆颜色	1. 绿色　2. 浅红色　3. 红色　4. 紫红色　5. 紫色	黄绿色
6	茎部蜡粉	1. 无　2. 有	有
7	柱头色	1. 白色　2. 黄色　3. 浅紫色　4. 紫红色　5. 紫色	紫色
8	花药色	1. 白色　2. 黄色　3. 浅紫色　4. 紫红色　5. 紫色	黄色
9	苞状鞘颜色	1. 绿色　2. 浅红色　3. 红色　4. 紫红色　5. 紫色	黄绿色
10	幼果颜色	1. 绿色　2. 浅红色　3. 红色　4. 紫红色　5. 紫色	绿色
11	总苞颜色（果壳色）	1. 白色　2. 黄白色　3. 黄色　4. 灰色　5. 棕色　6. 深棕色　7. 蓝色　8. 褐色　9. 深褐色　10. 黑色	褐色
12	总苞形状	1. 卵圆形　2. 近圆柱形　3. 椭圆形　4. 近圆形	椭圆形
13	总苞质地	1. 珐琅质　2. 甲壳质	珐琅质
14	种仁色	1. 白色　2. 浅黄色　3. 棕色　4. 红色	棕色
15	熟性	1. 特早熟　2. 早熟　3. 中熟　4. 晚熟　5. 特晚熟	晚熟
16	胚乳类型	1. 粳性　2. 糯性	粳性

中国薏苡属分类及
种质资源图鉴　　The Taxonomy and Illustrated Germplasm Resources of
Job's Tears (*Coix* L.) in China　　264

116. 灵竹薏苡

植物学分类：薏苡（变种）*C. lacryma-jobi* var. *lacryma-jobi*
种质资源库编号：GXB2020067
资源类型：野生资源
来源：广西壮族自治区横州市
用途：嫩茎叶可饲用，总苞可做工艺品，种仁食用或药用。
特征特性：在广西南宁春播种植，生育期 205 d；株高 206.4 cm，茎粗 10.3 mm，主茎节数 15.3 节，单株分蘖数平均 8.7 个，着粒层 67.7 cm；苗期直立生长，芽鞘和叶鞘均为紫色，幼苗叶片绿色；开花期柱头紫色，花药黄色，苞状鞘和茎秆均为浅红色，茎秆具蜡粉；成熟期总苞褐色、卵圆形、珐琅质地，百粒重 23.77 g，粒长 9.1 mm，粒宽 7.3 mm；种仁棕色，百仁重 9.27 g，长度 4.8 mm，宽度 5.6 mm，胚乳粳性。

形态测试特征

序号	性状	状态描述	测量值
1	芽鞘色	1. 浅黄色　2. 绿色　3. 紫色	紫色
2	叶鞘色	1. 白色　2. 绿色　3. 紫色	紫色
3	幼苗叶色	1. 绿色　2. 红色　3. 紫色	绿色
4	幼苗生长习性	1. 直立　2. 中间　3. 匍匐	直立
5	茎秆颜色	1. 绿色　2. 浅红色　3. 红色　4. 紫红色　5. 紫色	浅红色
6	茎部蜡粉	1. 无　2. 有	有
7	柱头色	1. 白色　2. 黄色　3. 浅紫色　4. 紫红色　5. 紫色	紫色
8	花药色	1. 白色　2. 黄色　3. 浅紫色　4. 紫红色　5. 紫色	黄色
9	苞状鞘颜色	1. 绿色　2. 浅红色　3. 红色　4. 紫红色　5. 紫色	浅红色
10	幼果颜色	1. 绿色　2. 浅红色　3. 红色　4. 紫红色　5. 紫色	绿色
11	总苞颜色（果壳色）	1. 白色　2. 黄白色　3. 黄色　4. 灰色　5. 棕色　6. 深棕色　7. 蓝色　8. 褐色　9. 深褐色　10. 黑色	褐色
12	总苞形状	1. 卵圆形　2. 近圆柱形　3. 椭圆形　4. 近圆形	卵圆形
13	总苞质地	1. 珐琅质　2. 甲壳质	珐琅质
14	种仁色	1. 白色　2. 浅黄色　3. 棕色　4. 红色	棕色
15	熟性	1. 特早熟　2. 早熟　3. 中熟　4. 晚熟　5. 特晚熟	特晚熟
16	胚乳类型	1. 粳性　2. 糯性	粳性

中国薏苡属分类及
种质资源图鉴　　The Taxonomy and Illustrated Germplasm Resources of
Job's Tears (Coix L.) in China　　266

2 cm

117. 大陵薏苡

植物学分类： 薏苡（变种）*C. lacryma-jobi* var. *lacryma-jobi*
种质资源库编号： GXB2020048
资源类型： 野生资源
来源： 广西壮族自治区南宁市良庆区
用途： 嫩茎叶可饲用，总苞可做工艺品，种仁食用或药用。
特征特性： 在广西南宁春播种植，生育期 120 d；株高 219.8 cm，茎粗 10.8 mm，主茎节数 15.0 节，单株分蘖数平均 8.6 个，着粒层 78.5 cm；苗期匍匐生长，芽鞘和叶鞘均为紫色，幼苗叶片绿色；开花期柱头紫色，花药黄色，苞状鞘绿色，茎秆绿色具蜡粉；成熟期总苞褐色、近圆柱形、珐琅质地，百粒重 11.71 g，粒长 8.5 mm，粒宽 5.5 mm；种仁红色，百仁重 2.67 g，长度 4.4 mm，宽度 4.1 mm，胚乳粳性。

形态测试特征

序号	性状	状态描述	测量值
1	芽鞘色	1. 浅黄色　2. 绿色　3. 紫色	紫色
2	叶鞘色	1. 白色　2. 绿色　3. 紫色	紫色
3	幼苗叶色	1. 绿色　2. 红色　3. 紫色	绿色
4	幼苗生长习性	1. 直立　2. 中间　3. 匍匐	匍匐
5	茎秆颜色	1. 绿色　2. 浅红色　3. 红色　4. 紫红色　5. 紫色	绿色
6	茎部蜡粉	1. 无　2. 有	有
7	柱头色	1. 白色　2. 黄色　3. 浅紫色　4. 紫红色　5. 紫色	紫色
8	花药色	1. 白色　2. 黄色　3. 浅紫色　4. 紫红色　5. 紫色	黄色
9	苞状鞘颜色	1. 绿色　2. 浅红色　3. 红色　4. 紫红色　5. 紫色	绿色
10	幼果颜色	1. 绿色　2. 浅红色　3. 红色　4. 紫红色　5. 紫色	绿色
11	总苞颜色 （果壳色）	1. 白色　2. 黄白色　3. 黄色　4. 灰色　5. 棕色　6. 深棕色 7. 蓝色　8. 褐色　9. 深褐色　10. 黑色	褐色
12	总苞形状	1. 卵圆形　2. 近圆柱形　3. 椭圆形　4. 近圆形	近圆柱形
13	总苞质地	1. 珐琅质　2. 甲壳质	珐琅质
14	种仁色	1. 白色　2. 浅黄色　3. 棕色　4. 红色	红色
15	熟性	1. 特早熟　2. 早熟　3. 中熟　4. 晚熟　5. 特晚熟	早熟
16	胚乳类型	1. 粳性　2. 糯性	粳性

10cm

118. 新河薏米

植物学分类：薏米（变种）*C. chinensis* var. *chinensis* Tod.
种质资源库编号：GXB2019333
资源类型：地方品种
来源：广西壮族自治区平南县
用途：嫩茎叶可饲用，种仁食用或药用。
特征特性：在广西南宁春播种植，生育期187 d；株高185.4 cm，茎粗11.8 mm，主茎节数11.0
节，单株分蘖数平均6.3个，着粒层68.0 cm；苗期直立生长，芽鞘、叶鞘和幼苗叶片均为紫色；
开花期柱头紫红色，花药黄色，苞状鞘和茎秆均为黄绿色，茎秆具蜡粉；成熟期总苞黄色或略带紫色、
卵圆形、甲壳质地，百粒重13.49 g，粒长8.9 mm，粒宽5.9 mm；种仁浅黄色，百仁重8.74 g，
长度5.4 mm，宽度4.6 mm，胚乳糯性。

形态测试特征

序号	性状	状态描述	测量值
1	芽鞘色	1. 浅黄色　2. 绿色　3. 紫色	紫色
2	叶鞘色	1. 白色　2. 绿色　3. 紫色	紫色
3	幼苗叶色	1. 绿色　2. 红色　3. 紫色	紫色
4	幼苗生长习性	1. 直立　2. 中间　3. 匍匐	直立
5	茎秆颜色	1. 绿色　2. 浅红色　3. 红色　4. 紫红色　5. 紫色	黄绿色
6	茎部蜡粉	1. 无　2. 有	有
7	柱头色	1. 白色　2. 黄色　3. 浅紫色　4. 紫红色　5. 紫色	紫红色
8	花药色	1. 白色　2. 黄色　3. 浅紫色　4. 紫红色　5. 紫色	黄色
9	苞状鞘颜色	1. 绿色　2. 浅红色　3. 红色　4. 紫红色　5. 紫色	黄绿色
10	幼果颜色	1. 绿色　2. 浅红色　3. 红色　4. 紫红色　5. 紫色	绿色
11	总苞颜色 （果壳色）	1. 白色　2. 黄白色　3. 黄色　4. 灰色　5. 棕色　6. 深棕色 7. 蓝色　8. 褐色　9. 深褐色　10. 黑色	黄色
12	总苞形状	1. 卵圆形　2. 近圆柱形　3. 椭圆形　4. 近圆形	卵圆形
13	总苞质地	1. 珐琅质　2. 甲壳质	甲壳质
14	种仁色	1. 白色　2. 浅黄色　3. 棕色　4. 红色	浅黄色
15	熟性	1. 特早熟　2. 早熟　3. 中熟　4. 晚熟　5. 特晚熟	晚熟
16	胚乳类型	1. 粳性　2. 糯性	糯性

中国薏苡属分类及
种质资源图鉴　　The Taxonomy and Illustrated Germplasm Resources of
Job's Tears (*Coix* L.) in China　　270

119. 育梧薏米

植物学分类：薏米（变种）*C. chinensis* var. *chinensis* Tod.
种质资源库编号：GXB2019177
资源类型：地方品种
来源：广西壮族自治区平南县
用途：粒用，种仁食用或作为药材、保健品等的原料，新鲜茎叶可做饲料。
特征特性：在广西南宁种植，生育期163 d，中熟；株高183.4 cm，茎粗12.0 mm，主茎节数13.0节，单株分蘖数平均6.8个，着粒层72.6 cm；苗期直立生长，芽鞘和叶鞘均为紫色，幼苗叶片绿色；开花期柱头紫色，花药黄色，幼果绿色，苞状鞘浅红色，茎秆红色具蜡粉；成熟期总苞黄白色、甲壳质地、椭圆形，百粒重7.93 g，粒长8.7 mm，粒宽5.4 mm；种仁浅黄色，百仁重3.95 g，长度4.8 mm，宽度4.1 mm，胚乳糯性。

形态测试特征

序号	性状	状态描述	测量值
1	芽鞘色	1. 浅黄色　2. 绿色　3. 紫色	紫色
2	叶鞘色	1. 白色　2. 绿色　3. 紫色	紫色
3	幼苗叶色	1. 绿色　2. 红色　3. 紫色	绿色
4	幼苗生长习性	1. 直立　2. 中间　3. 匍匐	直立
5	茎秆颜色	1. 绿色　2. 浅红色　3. 红色　4. 紫红色　5. 紫色	红色
6	茎部蜡粉	1. 无　2. 有	有
7	柱头色	1. 白色　2. 黄色　3. 浅紫色　4. 紫红色　5. 紫色	紫色
8	花药色	1. 白色　2. 黄色　3. 浅紫色　4. 紫红色　5. 紫色	黄色
9	苞状鞘颜色	1. 绿色　2. 浅红色　3. 红色　4. 紫红色　5. 紫色	浅红色
10	幼果颜色	1. 绿色　2. 浅红色　3. 红色　4. 紫红色　5. 紫色	绿色
11	总苞颜色（果壳色）	1. 白色　2. 黄白色　3. 黄色　4. 灰色　5. 棕色　6. 深棕色　7. 蓝色　8. 褐色　9. 深褐色　10. 黑色	黄白色
12	总苞形状	1. 卵圆形　2. 近圆柱形　3. 椭圆形　4. 近圆形	椭圆形
13	总苞质地	1. 珐琅质　2. 甲壳质	甲壳质
14	种仁色	1. 白色　2. 浅黄色　3. 棕色　4. 红色	浅黄色
15	熟性	1. 特早熟　2. 早熟　3. 中熟　4. 晚熟　5. 特晚熟	中熟
16	胚乳类型	1. 粳性　2. 糯性	糯性

120. 玲珑薏苡

植物学分类：薏苡（变种）*C. lacryma-jobi* var. *lacryma-jobi*
种质资源库编号：GXB2019391
资源类型：野生资源
来源：广西壮族自治区贵港市覃塘区
用途：籽粒可做串珠、手镯、垫、纽扣等工艺品，根、茎可入药，新鲜茎叶可做饲料。
特征特性：在广西南宁种植，生育期182 d；株高213.7 cm，茎粗15.3 mm，主茎节数17.0节，单株分蘖数平均5.2个，着粒层99.4 cm；苗期直立生长，芽鞘和叶鞘均为紫色，幼苗叶片绿色；开花期柱头紫色，花药黄色，幼果和苞状鞘均为绿色，茎秆红色或浅红色具蜡粉；成熟期总苞灰色、珐琅质地、近圆形，粒长7.9 mm，粒宽7.7 mm，百粒重22.34 g；种仁棕色，长度4.7 mm，宽度5.7 mm，百仁重8.46 g，胚乳粳性。

形态测试特征

序号	性状	状态描述	测量值
1	芽鞘色	1. 浅黄色　2. 绿色　3. 紫色	紫色
2	叶鞘色	1. 白色　2. 绿色　3. 紫色	紫色
3	幼苗叶色	1. 绿色　2. 红色　3. 紫色	绿色
4	幼苗生长习性	1. 直立　2. 中间　3. 匍匐	直立
5	茎秆颜色	1. 绿色　2. 浅红色　3. 红色　4. 紫红色　5. 紫色	红色
6	茎部蜡粉	1. 无　2. 有	有
7	柱头色	1. 白色　2. 黄色　3. 浅紫色　4. 紫红色　5. 紫色	紫色
8	花药色	1. 白色　2. 黄色　3. 浅紫色　4. 紫红色　5. 紫色	黄色
9	苞状鞘颜色	1. 绿色　2. 浅红色　3. 红色　4. 紫红色　5. 紫色	绿色
10	幼果颜色	1. 绿色　2. 浅红色　3. 红色　4. 紫红色　5. 紫色	绿色
11	总苞颜色（果壳色）	1. 白色　2. 黄白色　3. 黄色　4. 灰色　5. 棕色　6. 深棕色　7. 蓝色　8. 褐色　9. 深褐色　10. 黑色	灰色
12	总苞形状	1. 卵圆形　2. 近圆柱形　3. 椭圆形　4. 近圆形	近圆形
13	总苞质地	1. 珐琅质　2. 甲壳质	珐琅质
14	种仁色	1. 白色　2. 浅黄色　3. 棕色　4. 红色	棕色
15	熟性	1. 特早熟　2. 早熟　3. 中熟　4. 晚熟　5. 特晚熟	晚熟
16	胚乳类型	1. 粳性　2. 糯性	粳性

2 cm

121. 龙门薏苡

植物学分类： 薏苡（变种）*C. lacryma-jobi var. lacryma-jobi*
种质资源库编号： GXB2019408
资源类型： 野生资源
来源： 广西壮族自治区浦北县
用途： 籽粒可做串珠、手镯、垫、纽扣等工艺品，根、茎可入药，新鲜茎叶可做饲料。
特征特性： 在广西南宁种植，生育期187 d，晚熟；株高238.8 cm，茎粗12.4 mm，主茎节数15.0节，单株分蘖数平均7.2个，着粒层67.0 cm；苗期匍匐生长，芽鞘和叶鞘均为紫色，幼苗叶片绿色；开花期柱头紫色，花药黄色，苞状鞘和幼果均为绿色，茎秆绿色无蜡粉；成熟期总苞褐色、珐琅质地、卵圆形，粒长8.5 mm，粒宽6.9 mm，百粒重19.32 g；种仁红色，长度0.46 cm，宽度0.52 cm，百仁重7.18 g，胚乳粳性。

形态测试特征

序号	性状	状态描述	测量值
1	芽鞘色	1. 浅黄色 2. 绿色 3. 紫色	紫色
2	叶鞘色	1. 白色 2. 绿色 3. 紫色	紫色
3	幼苗叶色	1. 绿色 2. 红色 3. 紫色	绿色
4	幼苗生长习性	1. 直立 2. 中间 3. 匍匐	匍匐
5	茎秆颜色	1. 绿色 2. 浅红色 3. 红色 4. 紫红色 5. 紫色	绿色
6	茎部蜡粉	1. 无 2. 有	无
7	柱头色	1. 白色 2. 黄色 3. 浅紫色 4. 紫红色 5. 紫色	紫色
8	花药色	1. 白色 2. 黄色 3. 浅紫色 4. 紫红色 5. 紫色	黄色
9	苞状鞘颜色	1. 绿色 2. 浅红色 3. 红色 4. 紫红色 5. 紫色	绿色
10	幼果颜色	1. 绿色 2. 浅红色 3. 红色 4. 紫红色 5. 紫色	绿色
11	总苞颜色（果壳色）	1. 白色 2. 黄白色 3. 黄色 4. 灰色 5. 棕色 6. 深棕色 7. 蓝色 8. 褐色 9. 深褐色 10. 黑色	褐色
12	总苞形状	1. 卵圆形 2. 近圆柱形 3. 椭圆形 4. 近圆形	卵圆形
13	总苞质地	1. 珐琅质 2. 甲壳质	珐琅质
14	种仁色	1. 白色 2. 浅黄色 3. 棕色 4. 红色	红色
15	熟性	1. 特早熟 2. 早熟 3. 中熟 4. 晚熟 5. 特晚熟	晚熟
16	胚乳类型	1. 粳性 2. 糯性	粳性

122. 大南薏苡

植物学分类：薏苡（变种）*C. lacryma-jobi* var. *lacryma-jobi*
种质资源库编号：GXB2019289
资源类型：野生资源
来源：广西壮族自治区岑溪市
用途：籽粒可做手镯、隔热垫、纽扣和门帘等工艺品，根、茎可入药，新鲜茎叶可做饲料。
特征特性：在广西南宁种植，生育期 217 d，特晚熟；株高 244.7 cm，茎粗 15.3 mm，主茎节数
17 ~ 19 节，单株分蘖数平均 5.3 个，着粒层 104.5 cm；苗期匍匐生长，芽鞘和叶鞘均为紫
色，幼苗叶片绿色；开花期柱头紫色，花药紫色，幼果和苞状鞘均为绿色，茎秆红色具蜡粉；
成熟期总苞灰色、珐琅质地、卵圆形，粒长 9.7 mm，粒宽 8.5 mm，百粒重 32.63 g；种仁棕色，
长度 5.7 mm，宽度 6.5 mm，百仁重 11.19 g，胚乳粳性。

形态测试特征

序号	性状	状态描述	测量值
1	芽鞘色	1. 浅黄色　2. 绿色　3. 紫色	紫色
2	叶鞘色	1. 白色　2. 绿色　3. 紫色	紫色
3	幼苗叶色	1. 绿色　2. 红色　3. 紫色	绿色
4	幼苗生长习性	1. 直立　2. 中间　3. 匍匐	匍匐
5	茎秆颜色	1. 绿色　2. 浅红色　3. 红色　4. 紫红色　5. 紫色	红色
6	茎部蜡粉	1. 无　2. 有	有
7	柱头色	1. 白色　2. 黄色　3. 浅紫色　4. 紫红色　5. 紫色	紫色
8	花药色	1. 白色　2. 黄色　3. 浅紫色　4. 紫红色　5. 紫色	紫色
9	苞状鞘颜色	1. 绿色　2. 浅红色　3. 红色　4. 紫红色　5. 紫色	绿色
10	幼果颜色	1. 绿色　2. 浅红色　3. 红色　4. 紫红色　5. 紫色	绿色
11	总苞颜色 （果壳色）	1. 白色　2. 黄白色　3. 黄色　4. 灰色　5. 棕色　6. 深棕色 7. 蓝色　8. 褐色　9. 深褐色　10. 黑色	灰色
12	总苞形状	1. 卵圆形　2. 近圆柱形　3. 椭圆形　4. 近圆形	卵圆形
13	总苞质地	1. 珐琅质　2. 甲壳质	珐琅质
14	种仁色	1. 白色　2. 浅黄色　3. 棕色　4. 红色	棕色
15	熟性	1. 特早熟　2. 早熟　3. 中熟　4. 晚熟　5. 特晚熟	特晚熟
16	胚乳类型	1. 粳性　2. 糯性	粳性

123. 六香薏苡

植物学分类：薏苡（变种）*C. lacryma-jobi* var. *lacryma-jobi*

种质资源库编号：GXB2019174

资源类型：野生资源

来源：广西壮族自治区蒙山县

用途：籽粒可做手镯、菜碟垫、纽扣等工艺品，根、茎可入药，新鲜茎叶可做饲料。

特征特性：在广西南宁种植，生育期 198 d，晚熟；株高 196.6 cm，茎粗 9.4 mm，主茎节数 13 节，单株分蘖数平均 7.8 个，着粒层 82.2 cm；苗期匍匐生长，芽鞘和叶鞘均为紫色，幼苗叶片绿色；开花期柱头紫色，花药黄色，幼果和苞状鞘均为绿色，茎秆红色具蜡粉；成熟期总苞褐色、珐琅质地、卵圆形，粒长 8.9 mm，粒宽 6.5 mm，百粒重 17.39 g；种仁浅黄色，长度 4.8 mm，宽度 4.8 mm，百仁重 5.36 g，胚乳粳性。

形态测试特征

序号	性状	状态描述	测量值
1	芽鞘色	1. 浅黄色 2. 绿色 3. 紫色	紫色
2	叶鞘色	1. 白色 2. 绿色 3. 紫色	紫色
3	幼苗叶色	1. 绿色 2. 红色 3. 紫色	绿色
4	幼苗生长习性	1. 直立 2. 中间 3. 匍匐	匍匐
5	茎秆颜色	1. 绿色 2. 浅红色 3. 红色 4. 紫红色 5. 紫色	红色
6	茎部蜡粉	1. 无 2. 有	有
7	柱头色	1. 白色 2. 黄色 3. 浅紫色 4. 紫红色 5. 紫色	紫色
8	花药色	1. 白色 2. 黄色 3. 浅紫色 4. 紫红色 5. 紫色	黄色
9	苞状鞘颜色	1. 绿色 2. 浅红色 3. 红色 4. 紫红色 5. 紫色	绿色
10	幼果颜色	1. 绿色 2. 浅红色 3. 红色 4. 紫红色 5. 紫色	绿色
11	总苞颜色（果壳色）	1. 白色 2. 黄白色 3. 黄色 4. 灰色 5. 棕色 6. 深棕色 7. 蓝色 8. 褐色 9. 深褐色 10. 黑色	褐色
12	总苞形状	1. 卵圆形 2. 近圆柱形 3. 椭圆形 4. 近圆形	卵圆形
13	总苞质地	1. 珐琅质 2. 甲壳质	珐琅质
14	种仁色	1. 白色 2. 浅黄色 3. 棕色 4. 红色	浅黄色
15	熟性	1. 特早熟 2. 早熟 3. 中熟 4. 晚熟 5. 特晚熟	晚熟
16	胚乳类型	1. 粳性 2. 糯性	粳性

2 cm

124. 高排岭薏苡

植物学分类：薏苡（变种）*C. lacryma-jobi* var. *lacryma-jobi*

种质资源库编号：GXB2020088

资源类型：野生资源

来源：广西壮族自治区博白县

用途：籽粒可做手镯、垫、纽扣等工艺品，根、茎可入药，新鲜茎叶可做饲料。

特征特性：在广西南宁种植，生育期 199 d，晚熟；株高 246.5 cm，茎粗 12.3 mm，主茎节数 15 节，单株分蘖数平均 6.5 个，着粒层 70.7 cm；苗期匍匐生长，芽鞘和叶鞘均为紫色，幼苗叶片绿色；开花期柱头紫色，花药黄色，幼果和苞状鞘均为绿色，茎秆浅红色具蜡粉；成熟期总苞褐色、珐琅质地、卵圆形，粒长 8.8 mm，粒宽 7.4 mm，百粒重 20.79 g；种仁浅黄色，长度 4.5 mm，宽度 5.6 mm，百仁重 7.42 g，胚乳粳性。

形态测试特征

序号	性状	状态描述	测量值
1	芽鞘色	1. 浅黄色　2. 绿色　3. 紫色	紫色
2	叶鞘色	1. 白色　2. 绿色　3. 紫色	紫色
3	幼苗叶色	1. 绿色　2. 红色　3. 紫色	绿色
4	幼苗生长习性	1. 直立　2. 中间　3. 匍匐	匍匐
5	茎秆颜色	1. 绿色　2. 浅红色　3. 红色　4. 紫红色　5. 紫色	浅红色
6	茎部蜡粉	1. 无　2. 有	有
7	柱头色	1. 白色　2. 黄色　3. 浅紫色　4. 紫红色　5. 紫色	紫色
8	花药色	1. 白色　2. 黄色　3. 浅紫色　4. 紫红色　5. 紫色	黄色
9	苞状鞘颜色	1. 绿色　2. 浅红色　3. 红色　4. 紫红色　5. 紫色	绿色
10	幼果颜色	1. 绿色　2. 浅红色　3. 红色　4. 紫红色　5. 紫色	绿色
11	总苞颜色（果壳色）	1. 白色　2. 黄白色　3. 黄色　4. 灰色　5. 棕色　6. 深棕色　7. 蓝色　8. 褐色　9. 深褐色　10. 黑色	褐色
12	总苞形状	1. 卵圆形　2. 近圆柱形　3. 椭圆形　4. 近圆形	卵圆形
13	总苞质地	1. 珐琅质　2. 甲壳质	珐琅质
14	种仁色	1. 白色　2. 浅黄色　3. 棕色　4. 红色	浅黄色
15	熟性	1. 特早熟　2. 早熟　3. 中熟　4. 晚熟　5. 特晚熟	晚熟
16	胚乳类型	1. 粳性　2. 糯性	粳性

中国薏苡属分类及
种质资源图鉴　　The Taxonomy and Illustrated Germplasm Resources of
Job's Tears (*Coix* L.) in China　　282

125. 新安薏苡

植物学分类：薏苡（变种）*C. lacryma-jobi* var. *lacryma-jobi*

种质资源库编号：GXB2020145

资源类型：野生资源

来源：广西壮族自治区象州县

用途：籽粒可做手镯、垫、纽扣等工艺品，根、茎可入药，新鲜茎叶可做饲料。

特征特性：在广西南宁种植，生育期 182 d，晚熟；株高 176.5 cm，茎粗 8.5 mm，主茎节数 15 节，单株分蘖数平均 5.7 个，着粒层 72.2 cm；苗期株型直立，芽鞘和叶鞘均为紫色，幼苗叶片绿色；开花期柱头紫色，花药黄色，幼果和苞状鞘均为绿色，茎秆绿色具蜡粉；成熟期总苞褐色、珐琅质地、卵圆形，粒长 8.5 mm，粒宽 8.0 mm，百粒重 23.97 g；种仁棕色，长度 4.7 mm，宽度 5.9 mm，百仁重 8.94 g，胚乳粳性。

形态测试特征

序号	性状	状态描述	测量值
1	芽鞘色	1. 浅黄色 2. 绿色 3. 紫色	紫色
2	叶鞘色	1. 白色 2. 绿色 3. 紫色	紫色
3	幼苗叶色	1. 绿色 2. 红色 3. 紫色	绿色
4	幼苗生长习性	1. 直立 2. 中间 3. 匍匐	直立
5	茎秆颜色	1. 绿色 2. 浅红色 3. 红色 4. 紫红色 5. 紫色	绿色
6	茎部蜡粉	1. 无 2. 有	有
7	柱头色	1. 白色 2. 黄色 3. 浅紫色 4. 紫红色 5. 紫色	紫色
8	花药色	1. 白色 2. 黄色 3. 浅紫色 4. 紫红色 5. 紫色	黄色
9	苞状鞘颜色	1. 绿色 2. 浅红色 3. 红色 4. 紫红色 5. 紫色	绿色
10	幼果颜色	1. 绿色 2. 浅红色 3. 红色 4. 紫红色 5. 紫色	绿色
11	总苞颜色（果壳色）	1. 白色 2. 黄白色 3. 黄色 4. 灰色 5. 棕色 6. 深棕色 7. 蓝色 8. 褐色 9. 深褐色 10. 黑色	褐色
12	总苞形状	1. 卵圆形 2. 近圆柱形 3. 椭圆形 4. 近圆形	卵圆形
13	总苞质地	1. 珐琅质 2. 甲壳质	珐琅质
14	种仁色	1. 白色 2. 浅黄色 3. 棕色 4. 红色	棕色
15	熟性	1. 特早熟 2. 早熟 3. 中熟 4. 晚熟 5. 特晚熟	晚熟
16	胚乳类型	1. 粳性 2. 糯性	粳性

1cm

126. 福顺薏苡

植物学分类：薏苡（变种）*C. lacryma-jobi* var. *lacryma-jobi*

种质资源库编号：GXB2020154

资源类型：野生资源

来源：广西壮族自治区阳朔县

用途：籽粒可做手镯、垫、纽扣等工艺品，根、茎可入药，新鲜茎叶可做饲料。

特征特性：在广西南宁种植，生育期 205 d，特晚熟；株高 229.8 cm，茎粗 13.2 mm，主茎节数 16 节，单株分蘖数平均 5.4 个，着粒层 94.0 cm；苗期株型直立，芽鞘和叶鞘均为紫色，幼苗叶片绿色；开花期柱头紫色，花药黄色，幼果绿色，苞状鞘紫色，茎秆浅红色具蜡粉；成熟期总苞灰色、珐琅质地、近圆形，粒长 8.4 mm，粒宽 8.1 mm，百粒重 25.35 g；种仁红棕色，高度 4.7 mm，宽度 6.0 mm，百仁重 8.65 g，胚乳粳性。

形态测试特征

序号	性状	状态描述	测量值
1	芽鞘色	1. 浅黄色　2. 绿色　3. 紫色	紫色
2	叶鞘色	1. 白色　2. 绿色　3. 紫色	紫色
3	幼苗叶色	1. 绿色　2. 红色　3. 紫色	绿色
4	幼苗生长习性	1. 直立　2. 中间　3. 匍匐	直立
5	茎秆颜色	1. 绿色　2. 浅红色　3. 红色　4. 紫红色　5. 紫色	浅红色
6	茎部蜡粉	1. 无　2. 有	有
7	柱头色	1. 白色　2. 黄色　3. 浅紫色　4. 紫红色　5. 紫色	紫色
8	花药色	1. 白色　2. 黄色　3. 浅紫色　4. 紫红色　5. 紫色	黄色
9	苞状鞘颜色	1. 绿色　2. 浅红色　3. 红色　4. 紫红色　5. 紫色	紫色
10	幼果颜色	1. 绿色　2. 浅红色　3. 红色　4. 紫红色　5. 紫色	绿色
11	总苞颜色（果壳色）	1. 白色　2. 黄白色　3. 黄色　4. 灰色　5. 棕色　6. 深棕色　7. 蓝色　8. 褐色　9. 深褐色　10. 黑色	灰色
12	总苞形状	1. 卵圆形　2. 近圆柱形　3. 椭圆形　4. 近圆形	近圆形
13	总苞质地	1. 珐琅质　2. 甲壳质	珐琅质
14	种仁色	1. 白色　2. 浅黄色　3. 棕色　4. 红色	红棕色
15	熟性	1. 特早熟　2. 早熟　3. 中熟　4. 晚熟　5. 特晚熟	特晚熟
16	胚乳类型	1. 粳性　2. 糯性	粳性

1 cm

127. 咸水口薏苡

植物学分类：薏苡（变种）*C. lacryma-jobi* var. *lacryma-jobi*
种质资源库编号：GXB2018241
资源类型：野生资源
来源：广西壮族自治区资源县
用途：籽粒可做手镯、垫、纽扣等工艺品，根、茎可入药。
特征特性：在广西南宁种植，生育期 110 d，早熟；株高 71.3 cm，茎粗 6.5 cm，主茎节数 11.0 节，单株分蘖数平均 9.0 个，着粒层 35.4 cm；苗期芽鞘和叶鞘均为紫色，幼苗叶片绿色；开花期柱头紫色，花药黄色，幼果和苞状鞘均为绿色，茎秆绿色无蜡粉；成熟期总苞灰色、珐琅质地、卵圆形，粒长 0.81 cm，粒宽 0.57 cm，百粒重 16.05 g；种仁红色，长度 0.45 cm，宽度 0.49 cm，百仁重 5.5 g，胚乳糯性。

形态测试特征

序号	性状	状态描述	测量值
1	芽鞘色	1. 浅黄色　2. 绿色　3. 紫色	紫色
2	叶鞘色	1. 白色　2. 绿色　3. 紫色	紫色
3	幼苗叶色	1. 绿色　2. 红色　3. 紫色	绿色
4	幼苗生长习性	1. 直立　2. 中间　3. 匍匐	中间
5	茎秆颜色	1. 绿色　2. 浅红色　3. 红色　4. 紫红色　5. 紫色	绿色
6	茎部蜡粉	1. 无　2. 有	无
7	柱头色	1. 白色　2. 黄色　3. 浅紫色　4. 紫红色　5. 紫色	紫色
8	花药色	1. 白色　2. 黄色　3. 浅紫色　4. 紫红色　5. 紫色	黄色
9	苞状鞘颜色	1. 绿色　2. 浅红色　3. 红色　4. 紫红色　5. 紫色	绿色
10	幼果颜色	1. 绿色　2. 浅红色　3. 红色　4. 紫红色　5. 紫色	绿色
11	总苞颜色（果壳色）	1. 白色　2. 黄白色　3. 黄色　4. 灰色　5. 棕色　6. 深棕色　7. 蓝色　8. 褐色　9. 深褐色　10. 黑色	灰色
12	总苞形状	1. 卵圆形　2. 近圆柱形　3. 椭圆形　4. 近圆形	卵圆形
13	总苞质地	1. 珐琅质　2. 甲壳质	珐琅质
14	种仁色	1. 白色　2. 浅黄色　3. 棕色　4. 红色	红色
15	熟性	1. 特早熟　2. 早熟　3. 中熟　4. 晚熟　5. 特晚熟	早熟
16	胚乳类型	1. 粳性　2. 糯性	糯性

128. 同安薏苡

植物学分类： 薏苡（变种）*C. lacryma-jobi* var. *lacryma-jobi*
种质资源库编号： GXB2019211
资源类型： 野生资源
来源： 广西壮族自治区平乐县
用途： 籽粒可做手镯、垫、纽扣等工艺品，根、茎可入药，新鲜茎叶可做饲料。
特征特性： 在广西南宁种植，生育期215 d，特晚熟；株高274.6 cm，茎粗17.8 mm，主茎节数17.8节，单株分蘖数平均7.8个，着粒层101.6 cm；苗期直立生长，芽鞘和叶鞘均为紫色，幼苗叶片绿色；开花期柱头浅紫色，花药黄色，幼果绿色，苞状鞘浅红色，茎秆红色具蜡粉；成熟期总苞灰色至灰黑色、珐琅质地、近圆形，粒长8.2 mm、粒宽7.8 mm，百粒重23.92 g；种仁棕色，长度4.3 mm，宽度5.7 mm，百仁重7.12 g，胚乳粳性。

形态测试特征

序号	性状	状态描述	测量值
1	芽鞘色	1. 浅黄色 2. 绿色 3. 紫色	紫色
2	叶鞘色	1. 白色 2. 绿色 3. 紫色	紫色
3	幼苗叶色	1. 绿色 2. 红色 3. 紫色	绿色
4	幼苗生长习性	1. 直立 2. 中间 3. 匍匐	直立
5	茎秆颜色	1. 绿色 2. 浅红色 3. 红色 4. 紫红色 5. 紫色	红色
6	茎部蜡粉	1. 无 2. 有	有
7	柱头色	1. 白色 2. 黄色 3. 浅紫色 4. 紫红色 5. 紫色	浅紫色
8	花药色	1. 白色 2. 黄色 3. 浅紫色 4. 紫红色 5. 紫色	黄色
9	苞状鞘颜色	1. 绿色 2. 浅红色 3. 红色 4. 紫红色 5. 紫色	浅红色
10	幼果颜色	1. 绿色 2. 浅红色 3. 红色 4. 紫红色 5. 紫色	绿色
11	总苞颜色（果壳色）	1. 白色 2. 黄白色 3. 黄色 4. 灰色 5. 棕色 6. 深棕色 7. 蓝色 8. 褐色 9. 深褐色 10. 黑色	灰色至灰黑色
12	总苞形状	1. 卵圆形 2. 近圆柱形 3. 椭圆形 4. 近圆形	近圆形
13	总苞质地	1. 珐琅质 2. 甲壳质	珐琅质
14	种仁色	1. 白色 2. 浅黄色 3. 棕色 4. 红色	棕色
15	熟性	1. 特早熟 2. 早熟 3. 中熟 4. 晚熟 5. 特晚熟	特晚熟
16	胚乳类型	1. 粳性 2. 糯性	粳性

129. 兰溪野生薏苡

植物学分类： 薏苡（变种）*C. lacryma-jobi* var. *lacryma-jobi*

种质资源库编号： 无

资源类型： 野生资源

来源： 广东省

用途： 籽粒可做串珠等工艺品，茎叶可做青贮饲料。

特征特性： 在贵州兴义种植，生育期170 d左右，特晚熟，晚播则不能正常结实；根系发达，植株高大，茎秆粗壮，株高3~4 m；苗期芽鞘和叶鞘均为紫色，幼苗叶片绿色；开花期柱头紫色，花药黄色，幼果绿色；成熟期总苞棕色或褐色、珐琅质地、卵圆形，表面具光泽，无喙。

形态测试特征

序号	性状	状态描述	测量值
1	芽鞘色	1. 浅黄色　2. 绿色　3. 紫色	紫色
2	叶鞘色	1. 白色　2. 绿色　3. 紫色	紫色
3	幼苗叶色	1. 绿色　2. 红色　3. 紫色	绿色
4	幼苗生长习性	1. 直立　2. 中间　3. 匍匐	直立
5	茎秆颜色	1. 绿色　2. 浅红色　3. 红色　4. 紫红色　5. 紫色	紫色
6	茎部蜡粉	1. 无　2. 有	有
7	柱头色	1. 白色　2. 黄色　3. 浅紫色　4. 紫红色　5. 紫色	紫色
8	花药色	1. 白色　2. 黄色　3. 浅紫色　4. 紫红色　5. 紫色	黄色
9	苞状鞘颜色	1. 绿色　2. 浅红色　3. 红色　4. 紫红色　5. 紫色	绿色
10	幼果颜色	1. 绿色　2. 浅红色　3. 红色　4. 紫红色　5. 紫色	绿色
11	总苞颜色（果壳色）	1. 白色　2. 黄白色　3. 黄色　4. 灰色　5. 棕色　6. 深棕色　7. 蓝色　8. 褐色　9. 深褐色　10. 黑色	棕色
12	总苞形状	1. 卵圆形　2. 近圆柱形　3. 椭圆形　4. 近圆形	卵圆形
13	总苞质地	1. 珐琅质　2. 甲壳质	珐琅质
14	种仁色	1. 白色　2. 浅黄色　3. 棕色　4. 红色	—
15	熟性	1. 特早熟　2. 早熟　3. 中熟　4. 晚熟　5. 特晚熟	特晚熟
16	胚乳类型	1. 粳性　2. 糯性	粳性

中国薏苡属分类及
种质资源图鉴　　The Taxonomy and Illustrated Germplasm Resources of
Job's Tears (*Coix* L.) in China　　292

130. 野薏苡

植物学分类：薏苡（变种）*C. lacryma-jobi* var. *lacryma-jobi*

种质资源库编号：无

资源类型：野生资源

来源：广东省

用途：籽粒可做串珠等工艺品，茎叶可做青贮饲料。

特征特性：在贵州兴义种植，生育期170～180 d，特晚熟，晚播则不能正常结实；根系发达，植株高大，茎秆粗壮，株高约3 m；苗期芽鞘和叶鞘均为紫色，幼苗叶片绿色；分蘖期的植株分蘖开张角度大，匍匐生长；开花期柱头紫色，花药黄色，幼果绿色，茎秆紫红色；成熟期总苞棕色或褐色、珐琅质地、卵圆形，表面具光泽，无喙。

形态测试特征

序号	性状	状态描述	测量值
1	芽鞘色	1. 浅黄色　2. 绿色　3. 紫色	紫色
2	叶鞘色	1. 白色　2. 绿色　3. 紫色	紫色
3	幼苗叶色	1. 绿色　2. 红色　3. 紫色	绿色
4	幼苗生长习性	1. 直立　2. 中间　3. 匍匐	匍匐
5	茎秆颜色	1. 绿色　2. 浅红色　3. 红色　4. 紫红色　5. 紫色	紫红色
6	茎部蜡粉	1. 无　2. 有	有
7	柱头色	1. 白色　2. 黄色　3. 浅紫色　4. 紫红色　5. 紫色	紫色
8	花药色	1. 白色　2. 黄色　3. 浅紫色　4. 紫红色　5. 紫色	黄色
9	苞状鞘颜色	1. 绿色　2. 浅红色　3. 红色　4. 紫红色　5. 紫色	绿色
10	幼果颜色	1. 绿色　2. 浅红色　3. 红色　4. 紫红色　5. 紫色	绿色
11	总苞颜色（果壳色）	1. 白色　2. 黄白色　3. 黄色　4. 灰色　5. 棕色　6. 深棕色　7. 蓝色　8. 褐色　9. 深褐色　10. 黑色	棕色
12	总苞形状	1. 卵圆形　2. 近圆柱形　3. 椭圆形　4. 近圆形	卵圆形
13	总苞质地	1. 珐琅质　2. 甲壳质	珐琅质
14	种仁色	1. 白色　2. 浅黄色　3. 棕色　4. 红色	棕色
15	熟性	1. 特早熟　2. 早熟　3. 中熟　4. 晚熟　5. 特晚熟	特晚熟
16	胚乳类型	1. 粳性　2. 糯性	粳性

131. 野薏米

植物学分类：薏苡（变种）*C. lacryma-jobi* var. *lacryma-jobi*

种质资源库编号：无

资源类型：野生资源

来源：广东省

用途：籽粒可做串珠等工艺品，茎叶可做青贮饲料。

特征特性：在贵州兴义种植，生育期177 d左右，特晚熟，晚播则不能正常结实；根系发达，植株高大，茎秆粗壮，叶片宽大；苗期芽鞘和叶鞘均为紫色，幼苗叶片绿色；开花期柱头紫红色，花药黄色，幼果绿色；成熟期总苞棕色或黑色、珐琅质地、卵圆形，表面具光泽，无喙。

形态测试特征

序号	性状	状态描述	测量值
1	芽鞘色	1.浅黄色 2.绿色 3.紫色	紫色
2	叶鞘色	1.白色 2.绿色 3.紫色	紫色
3	幼苗叶色	1.绿色 2.红色 3.紫色	绿色
4	幼苗生长习性	1.直立 2.中间 3.匍匐	直立
5	茎秆颜色	1.绿色 2.浅红色 3.红色 4.紫红色 5.紫色	紫红色
6	茎部蜡粉	1.无 2.有	有
7	柱头色	1.白色 2.黄色 3.浅紫色 4.紫红色 5.紫色	紫红色
8	花药色	1.白色 2.黄色 3.浅紫色 4.紫红色 5.紫色	黄色
9	苞状鞘颜色	1.绿色 2.浅红色 3.红色 4.紫红色 5.紫色	绿色
10	幼果颜色	1.绿色 2.浅红色 3.红色 4.紫红色 5.紫色	绿色
11	总苞颜色（果壳色）	1.白色 2.黄白色 3.黄色 4.灰色 5.棕色 6.深棕色 7.蓝色 8.褐色 9.深褐色 10.黑色	棕色
12	总苞形状	1.卵圆形 2.近圆柱形 3.椭圆形 4.近圆形	卵圆形
13	总苞质地	1.珐琅质 2.甲壳质	珐琅质
14	种仁色	1.白色 2.浅黄色 3.棕色 4.红色	棕色
15	熟性	1.特早熟 2.早熟 3.中熟 4.晚熟 5.特晚熟	特晚熟
16	胚乳类型	1.粳性 2.糯性	粳性

132. 野生薏仁

植物学分类：薏苡（变种）*C. lacryma-jobi var. lacryma-jobi*

种质资源库编号：无

资源类型：野生资源

来源：广东省

用途：籽粒可做串珠等工艺品，茎叶可做青贮饲料。

特征特性：在贵州兴义种植，生育期170 d左右，特晚熟，晚播则不能正常结实；根系发达，植株高大，茎秆粗壮，叶片宽大，株高3 m以上；苗期芽鞘和叶鞘均为紫色，幼苗叶片绿色；柱头紫红色，花药黄色，幼果绿色；成熟期总苞灰色或蓝色、珐琅质地、卵圆形，表面具光泽，无喙。

形态测试特征

序号	性状	状态描述	测量值
1	芽鞘色	1. 浅黄色　2. 绿色　3. 紫色	紫色
2	叶鞘色	1. 白色　2. 绿色　3. 紫色	紫色
3	幼苗叶色	1. 绿色　2. 红色　3. 紫色	绿色
4	幼苗生长习性	1. 直立　2. 中间　3. 匍匐	直立
5	茎秆颜色	1. 绿色　2. 浅红色　3. 红色　4. 紫红色　5. 紫色	紫色
6	茎部蜡粉	1. 无　2. 有	有
7	柱头色	1. 白色　2. 黄色　3. 浅紫色　4. 紫红色　5. 紫色	紫红色
8	花药色	1. 白色　2. 黄色　3. 浅紫色　4. 紫红色　5. 紫色	黄色
9	苞状鞘颜色	1. 绿色　2. 浅红色　3. 红色　4. 紫红色　5. 紫色	绿色
10	幼果颜色	1. 绿色　2. 浅红色　3. 红色　4. 紫红色　5. 紫色	绿色
11	总苞颜色（果壳色）	1. 白色　2. 黄白色　3. 黄色　4. 灰色　5. 棕色　6. 深棕色　7. 蓝色　8. 褐色　9. 深褐色　10. 黑色	蓝色
12	总苞形状	1. 卵圆形　2. 近圆柱形　3. 椭圆形　4. 近圆形	卵圆形
13	总苞质地	1. 珐琅质　2. 甲壳质	珐琅质
14	种仁色	1. 白色　2. 浅黄色　3. 棕色　4. 红色	浅黄色
15	熟性	1. 特早熟　2. 早熟　3. 中熟　4. 晚熟　5. 特晚熟	特晚熟
16	胚乳类型	1. 粳性　2. 糯性	粳性

133. 野生薏米

植物学分类：薏苡（变种）*C. lacryma-jobi* var. *lacryma-jobi*

种质资源库编号：无

资源类型：野生资源

来源：广东省

用途：籽粒可做串珠等工艺品，茎叶可做青贮饲料。

特征特性：在贵州兴义种植，生育期177 d左右，特晚熟，晚播则不能正常结实；根系发达，植株高大，茎秆粗壮，叶片宽大，株高3 m以上；苗期芽鞘和叶鞘均为紫色，幼苗叶片绿色；开花期柱头紫红色，花药黄色，幼果绿色，茎秆紫色具蜡粉；成熟期总苞灰色或蓝色、珐琅质地、卵圆形，表面具光泽，无喙。

形态测试特征

序号	性状	状态描述	测量值
1	芽鞘色	1. 浅黄色　2. 绿色　3. 紫色	紫色
2	叶鞘色	1. 白色　2. 绿色　3. 紫色	紫色
3	幼苗叶色	1. 绿色　2. 红色　3. 紫色	绿色
4	幼苗生长习性	1. 直立　2. 中间　3. 匍匐	直立
5	茎秆颜色	1. 绿色　2. 浅红色　3. 红色　4. 紫红色　5. 紫色	紫色
6	茎部蜡粉	1. 无　2. 有	有
7	柱头色	1. 白色　2. 黄色　3. 浅紫色　4. 紫红色　5. 紫色	紫红色
8	花药色	1. 白色　2. 黄色　3. 浅紫色　4. 紫红色　5. 紫色	黄色
9	苞状鞘颜色	1. 绿色　2. 浅红色　3. 红色　4. 紫红色　5. 紫色	绿色
10	幼果颜色	1. 绿色　2. 浅红色　3. 红色　4. 紫红色　5. 紫色	绿色
11	总苞颜色（果壳色）	1. 白色　2. 黄白色　3. 黄色　4. 灰色　5. 棕色　6. 深棕色　7. 蓝色　8. 褐色　9. 深褐色　10. 黑色	蓝色
12	总苞形状	1. 卵圆形　2. 近圆柱形　3. 椭圆形　4. 近圆形	卵圆形
13	总苞质地	1. 珐琅质　2. 甲壳质	珐琅质
14	种仁色	1. 白色　2. 浅黄色　3. 棕色　4. 红色	—
15	熟性	1. 特早熟　2. 早熟　3. 中熟　4. 晚熟　5. 特晚熟	特晚熟
16	胚乳类型	1. 粳性　2. 糯性	粳性

5mm

134. 野生薏苡

植物学分类：薏苡（变种）*C. lacryma-jobi* var. *lacryma-jobi*

种质资源库编号：无

资源类型：野生资源

来源：广东省

用途：籽粒可做串珠等工艺品，茎叶可做青贮饲料。

特征特性：在贵州兴义种植，生育期 180 ~ 190 d，特晚熟，晚播则不能正常结实；根系发达，植株高大，茎秆粗壮，叶片宽大，叶色深绿，株高 3 m 以上；苗期芽鞘和叶鞘均为紫色，幼苗叶片绿色；开花期柱头紫红色，花药黄色，幼果绿色，茎秆紫红色具蜡粉；成熟期总苞棕色或黑色、珐琅质地、卵圆形，表面具光泽，无喙。

形态测试特征

序号	性状	状态描述	测量值
1	芽鞘色	1. 浅黄色　2. 绿色　3. 紫色	紫色
2	叶鞘色	1. 白色　2. 绿色　3. 紫色	紫色
3	幼苗叶色	1. 绿色　2. 红色　3. 紫色	绿色
4	幼苗生长习性	1. 直立　2. 中间　3. 匍匐	直立
5	茎秆颜色	1. 绿色　2. 浅红色　3. 红色　4. 紫红色　5. 紫色	紫红色
6	茎部蜡粉	1. 无　2. 有	有
7	柱头色	1. 白色　2. 黄色　3. 浅紫色　4. 紫红色　5. 紫色	紫红色
8	花药色	1. 白色　2. 黄色　3. 浅紫色　4. 紫红色　5. 紫色	黄色
9	苞状鞘颜色	1. 绿色　2. 浅红色　3. 红色　4. 紫红色　5. 紫色	绿色
10	幼果颜色	1. 绿色　2. 浅红色　3. 红色　4. 紫红色　5. 紫色	绿色
11	总苞颜色（果壳色）	1. 白色　2. 黄白色　3. 黄色　4. 灰色　5. 棕色　6. 深棕色　7. 蓝色　8. 褐色　9. 深褐色　10. 黑色	棕色
12	总苞形状	1. 卵圆形　2. 近圆柱形　3. 椭圆形　4. 近圆形	卵圆形
13	总苞质地	1. 珐琅质　2. 甲壳质	珐琅质
14	种仁色	1. 白色　2. 浅黄色　3. 棕色　4. 红色	浅黄色
15	熟性	1. 特早熟　2. 早熟　3. 中熟　4. 晚熟　5. 特晚熟	特晚熟
16	胚乳类型	1. 粳性　2. 糯性	粳性

135. 野生薏米

植物学分类：薏苡（变种）*C. lacryma-jobi* var. *lacryma-jobi*

种质资源库编号：无

资源类型：野生资源

来源：广东省

用途：籽粒可做串珠等工艺品，茎叶可做青贮饲料。

特征特性：在贵州兴义种植，生育期 177 d 左右，特晚熟，晚播则不能正常结实；根系发达，分蘖性和再生性强，株高约 2.5 m；苗期芽鞘和叶鞘均为紫色，幼苗叶片绿色；开花期柱头紫红色，花药黄色，幼果绿色，茎秆略带紫红色；成熟期总苞灰色、珐琅质地、卵圆形，表面具光泽，无喙。

形态测试特征

序号	性状	状态描述	测量值
1	芽鞘色	1. 浅黄色　2. 绿色　3. 紫色	紫色
2	叶鞘色	1. 白色　2. 绿色　3. 紫色	紫色
3	幼苗叶色	1. 绿色　2. 红色　3. 紫色	绿色
4	幼苗生长习性	1. 直立　2. 中间　3. 匍匐	直立
5	茎秆颜色	1. 绿色　2. 浅红色　3. 红色　4. 紫红色　5. 紫色	紫红色
6	茎部蜡粉	1. 无　2. 有	有
7	柱头色	1. 白色　2. 黄色　3. 浅紫色　4. 紫红色　5. 紫色	紫红色
8	花药色	1. 白色　2. 黄色　3. 浅紫色　4. 紫红色　5. 紫色	黄色
9	苞状鞘颜色	1. 绿色　2. 浅红色　3. 红色　4. 紫红色　5. 紫色	绿色
10	幼果颜色	1. 绿色　2. 浅红色　3. 红色　4. 紫红色　5. 紫色	绿色
11	总苞颜色（果壳色）	1. 白色　2. 黄白色　3. 黄色　4. 灰色　5. 棕色　6. 深棕色　7. 蓝色　8. 褐色　9. 深褐色　10. 黑色	灰色
12	总苞形状	1. 卵圆形　2. 近圆柱形　3. 椭圆形　4. 近圆形	卵圆形
13	总苞质地	1. 珐琅质　2. 甲壳质	珐琅质
14	种仁色	1. 白色　2. 浅黄色　3. 棕色　4. 红色	—
15	熟性	1. 特早熟　2. 早熟　3. 中熟　4. 晚熟　5. 特晚熟	特晚熟
16	胚乳类型	1. 粳性　2. 糯性	粳性

136. 野生薏苡

植物学分类：薏苡（变种）*C. lacryma-jobi* var. *lacryma-jobi*

种质资源库编号：无

资源类型：野生资源

来源：广东省

用途：籽粒可做串珠等工艺品，茎叶可做青贮饲料。

特征特性：在贵州兴义种植，生育期 177 d 左右，特晚熟，晚播则不能正常结实；根系发达，分蘖性和再生性强，株高约 2.8 m；苗期芽鞘和叶鞘均为紫色，幼苗叶片绿色；开花期柱头紫红色，花药黄色，幼果和苞状鞘均为绿色，茎秆略带紫红色；成熟期总苞灰色或黑色、珐琅质地、卵圆形，表面具光泽，无喙。

形态测试特征

序号	性状	状态描述	测量值
1	芽鞘色	1. 浅黄色　2. 绿色　3. 紫色	紫色
2	叶鞘色	1. 白色　2. 绿色　3. 紫色	紫色
3	幼苗叶色	1. 绿色　2. 红色　3. 紫色	绿色
4	幼苗生长习性	1. 直立　2. 中间　3. 匍匐	直立
5	茎秆颜色	1. 绿色　2. 浅红色　3. 红色　4. 紫红色　5. 紫色	紫红色
6	茎部蜡粉	1. 无　2. 有	有
7	柱头色	1. 白色　2. 黄色　3. 浅紫色　4. 紫红色　5. 紫色	紫红色
8	花药色	1. 白色　2. 黄色　3. 浅紫色　4. 紫红色　5. 紫色	黄色
9	苞状鞘颜色	1. 绿色　2. 浅红色　3. 红色　4. 紫红色　5. 紫色	绿色
10	幼果颜色	1. 绿色　2. 浅红色　3. 红色　4. 紫红色　5. 紫色	绿色
11	总苞颜色（果壳色）	1. 白色　2. 黄白色　3. 黄色　4. 灰色　5. 棕色　6. 深棕色　7. 蓝色　8. 褐色　9. 深褐色　10. 黑色	灰色
12	总苞形状	1. 卵圆形　2. 近圆柱形　3. 椭圆形　4. 近圆形	卵圆形
13	总苞质地	1. 珐琅质　2. 甲壳质	珐琅质
14	种仁色	1. 白色　2. 浅黄色　3. 棕色　4. 红色	红色
15	熟性	1. 特早熟　2. 早熟　3. 中熟　4. 晚熟　5. 特晚熟	特晚熟
16	胚乳类型	1. 粳性　2. 糯性	粳性

137. 赤溪薏苡

植物学分类：薏苡（变种）*C. lacryma-jobi var. lacryma-jobi*
种质资源库编号：无
资源类型：野生资源
来源：广东省
用途：籽粒可做串珠等工艺品，茎叶可做青贮饲料。
特征特性：在贵州兴义种植，生育期 175 d 左右，特晚熟，晚播则不能正常结实；根系发达，分蘖性和再生性强，株高 2.5 ~ 3.0 m；苗期芽鞘和叶鞘均为紫色，幼苗叶片绿色；开花期柱头紫红色，花药黄色，幼果和苞状鞘均为绿色，茎秆绿色；成熟期总苞灰色或黑色、珐琅质地、卵圆形，表面具光泽，无喙。

形态测试特征

序号	性状	状态描述	测量值
1	芽鞘色	1. 浅黄色　2. 绿色　3. 紫色	紫色
2	叶鞘色	1. 白色　2. 绿色　3. 紫色	紫色
3	幼苗叶色	1. 绿色　2. 红色　3. 紫色	绿色
4	幼苗生长习性	1. 直立　2. 中间　3. 匍匐	直立
5	茎秆颜色	1. 绿色　2. 浅红色　3. 红色　4. 紫红色　5. 紫色	绿色
6	茎部蜡粉	1. 无　2. 有	有
7	柱头色	1. 白色　2. 黄色　3. 浅紫色　4. 紫红色　5. 紫色	紫红色
8	花药色	1. 白色　2. 黄色　3. 浅紫色　4. 紫红色　5. 紫色	黄色
9	苞状鞘颜色	1. 绿色　2. 浅红色　3. 红色　4. 紫红色　5. 紫色	绿色
10	幼果颜色	1. 绿色　2. 浅红色　3. 红色　4. 紫红色　5. 紫色	绿色
11	总苞颜色（果壳色）	1. 白色　2. 黄白色　3. 黄色　4. 灰色　5. 棕色　6. 深棕色　7. 蓝色　8. 褐色　9. 深褐色　10. 黑色	灰色
12	总苞形状	1. 卵圆形　2. 近圆柱形　3. 椭圆形　4. 近圆形	卵圆形
13	总苞质地	1. 珐琅质　2. 甲壳质	珐琅质
14	种仁色	1. 白色　2. 浅黄色　3. 棕色　4. 红色	—
15	熟性	1. 特早熟　2. 早熟　3. 中熟　4. 晚熟　5. 特晚熟	特晚熟
16	胚乳类型	1. 粳性　2. 糯性	粳性

138. 野生薏苡

植物学分类：薏苡（变种）*C. lacryma-jobi* var. *lacryma-jobi*
种质资源库编号：无
资源类型：野生资源
来源：广东省
用途：籽粒可做串珠等工艺品，茎叶可做青贮饲料。
特征特性：在贵州兴义种植，生育期 175 ~ 180 d，特晚熟，晚播则不能正常结实；根系发达，分蘖性和再生性强，株高约 3.5 m；苗期芽鞘和叶鞘均为紫色，幼苗叶片绿色；开花期柱头紫红色，花药黄色，幼果和苞状鞘均为绿色，茎秆紫红色；成熟期总苞灰色或黑色、珐琅质地、卵圆形，表面具光泽，无喙。

形态测试特征

序号	性状	状态描述	测量值
1	芽鞘色	1. 浅黄色 2. 绿色 3. 紫色	紫色
2	叶鞘色	1. 白色 2. 绿色 3. 紫色	紫色
3	幼苗叶色	1. 绿色 2. 红色 3. 紫色	绿色
4	幼苗生长习性	1. 直立 2. 中间 3. 匍匐	直立
5	茎秆颜色	1. 绿色 2. 浅红色 3. 红色 4. 紫红色 5. 紫色	紫红色
6	茎部蜡粉	1. 无 2. 有	有
7	柱头色	1. 白色 2. 黄色 3. 浅紫色 4. 紫红色 5. 紫色	紫红色
8	花药色	1. 白色 2. 黄色 3. 浅紫色 4. 紫红色 5. 紫色	黄色
9	苞状鞘颜色	1. 绿色 2. 浅红色 3. 红色 4. 紫红色 5. 紫色	绿色
10	幼果颜色	1. 绿色 2. 浅红色 3. 红色 4. 紫红色 5. 紫色	绿色
11	总苞颜色 （果壳色）	1. 白色 2. 黄白色 3. 黄色 4. 灰色 5. 棕色 6. 深棕色 7. 蓝色 8. 褐色 9. 深褐色 10. 黑色	灰色
12	总苞形状	1. 卵圆形 2. 近圆柱形 3. 椭圆形 4. 近圆形	卵圆形
13	总苞质地	1. 珐琅质 2. 甲壳质	珐琅质
14	种仁色	1. 白色 2. 浅黄色 3. 棕色 4. 红色	红色
15	熟性	1. 特早熟 2. 早熟 3. 中熟 4. 晚熟 5. 特晚熟	特晚熟
16	胚乳类型	1. 粳性 2. 糯性	粳性

中国薏苡属分类及
种质资源图鉴　　The Taxonomy and Illustrated Germplasm Resources of
Job's Tears (*Coix* L.) in China　　310

139. 睦州薏苡

植物学分类：台湾薏苡（变种）*C. chinensis* var. *formosana*(Ohwi)L.

种质资源库编号：无

资源类型：地方品种

来源：广东省

用途：粒用，种仁食用或作为药材、保健品等的原料，茎叶可做青贮饲料。

特征特性：在贵州兴义种植，生育期 180 d 左右，特晚熟，晚播则不能正常结实；根系发达，分蘖性强，株高约 3.5 m；苗期芽鞘、叶鞘和幼苗叶片均为绿色；开花期柱头白色，花药黄色，茎秆、幼果和苞状鞘均为绿色；成熟期总苞黄色、甲壳质地、椭圆形，表面具纵长条纹，无喙。

形态测试特征

序号	性状	状态描述	测量值
1	芽鞘色	1. 浅黄色 2. 绿色 3. 紫色	绿色
2	叶鞘色	1. 白色 2. 绿色 3. 紫色	绿色
3	幼苗叶色	1. 绿色 2. 红色 3. 紫色	绿色
4	幼苗生长习性	1. 直立 2. 中间 3. 匍匐	直立
5	茎秆颜色	1. 绿色 2. 浅红色 3. 红色 4. 紫红色 5. 紫色	绿色
6	茎部蜡粉	1. 无 2. 有	有
7	柱头色	1. 白色 2. 黄色 3. 浅紫色 4. 紫红色 5. 紫色	白色
8	花药色	1. 白色 2. 黄色 3. 浅紫色 4. 紫红色 5. 紫色	黄色
9	苞状鞘颜色	1. 绿色 2. 浅红色 3. 红色 4. 紫红色 5. 紫色	绿色
10	幼果颜色	1. 绿色 2. 浅红色 3. 红色 4. 紫红色 5. 紫色	绿色
11	总苞颜色（果壳色）	1. 白色 2. 黄白色 3. 黄色 4. 灰色 5. 棕色 6. 深棕色 7. 蓝色 8. 褐色 9. 深褐色 10. 黑色	黄色
12	总苞形状	1. 卵圆形 2. 近圆柱形 3. 椭圆形 4. 近圆形	椭圆形
13	总苞质地	1. 珐琅质 2. 甲壳质	甲壳质
14	种仁色	1. 白色 2. 浅黄色 3. 棕色 4. 红色	棕色
15	熟性	1. 特早熟 2. 早熟 3. 中熟 4. 晚熟 5. 特晚熟	特晚熟
16	胚乳类型	1. 粳性 2. 糯性	糯性

5mm

140. 野生薏米

植物学分类：薏苡（变种）*C. lacryma-jobi var. lacryma-jobi*

种质资源库编号：无

资源类型：野生资源

来源：广东省

用途：籽粒可做串珠等工艺品，茎叶可做青贮饲料。

特征特性：在贵州兴义种植，生育期 180 d 左右，特晚熟，晚播则不能正常结实；根系发达，分蘖性和再生性强，茎秆粗壮，植株高大，株高约 3 m；苗期芽鞘和叶鞘均为紫色，幼苗叶片绿色；开花期柱头紫红色，花药黄色，幼果和苞状鞘均为绿色，茎秆紫红色；成熟期总苞灰色或黑色、珐琅质地、卵圆形，表面具光泽，无喙。

形态测试特征

序号	性状	状态描述	测量值
1	芽鞘色	1. 浅黄色　2. 绿色　3. 紫色	紫色
2	叶鞘色	1. 白色　2. 绿色　3. 紫色	紫色
3	幼苗叶色	1. 绿色　2. 红色　3. 紫色	绿色
4	幼苗生长习性	1. 直立　2. 中间　3. 匍匐	直立
5	茎秆颜色	1. 绿色　2. 浅红色　3. 红色　4. 紫红色　5. 紫色	紫红色
6	茎部蜡粉	1. 无　2. 有	有
7	柱头色	1. 白色　2. 黄色　3. 浅紫色　4. 紫红色　5. 紫色	紫红色
8	花药色	1. 白色　2. 黄色　3. 浅紫色　4. 紫红色　5. 紫色	黄色
9	苞状鞘颜色	1. 绿色　2. 浅红色　3. 红色　4. 紫红色　5. 紫色	绿色
10	幼果颜色	1. 绿色　2. 浅红色　3. 红色　4. 紫红色　5. 紫色	绿色
11	总苞颜色（果壳色）	1. 白色　2. 黄白色　3. 黄色　4. 灰色　5. 棕色　6. 深棕色　7. 蓝色　8. 褐色　9. 深褐色　10. 黑色	灰色
12	总苞形状	1. 卵圆形　2. 近圆柱形　3. 椭圆形　4. 近圆形	卵圆形
13	总苞质地	1. 珐琅质　2. 甲壳质	珐琅质
14	种仁色	1. 白色　2. 浅黄色　3. 棕色　4. 红色	浅黄色
15	熟性	1. 特早熟　2. 早熟　3. 中熟　4. 晚熟　5. 特晚熟	特晚熟
16	胚乳类型	1. 粳性　2. 糯性	粳性

141. 三江薏米

植物学分类： 薏苡（变种）*C. lacryma-jobi* var. *lacryma-jobi*

种质资源库编号： 无

资源类型： 野生资源

来源： 海南省

用途： 籽粒可做串珠等工艺品，茎叶可做青贮饲料。

特征特性： 在贵州兴义种植，生育期 180 d 左右，特晚熟，晚播则不能正常结实；根系发达，分蘖性和再生性强，植株高大，茎秆粗壮且叶片宽大，株高约 3.5 m；苗期芽鞘和叶鞘均为紫色，幼苗叶片绿色；开花期柱头紫色，花药黄色，幼果紫色，苞状鞘绿色，茎秆绿色具白色蜡粉；成熟期总苞棕色或褐色、珐琅质地、卵圆形，表面具光泽，无喙。

形态测试特征

序号	性状	状态描述	测量值
1	芽鞘色	1. 浅黄色　2. 绿色　3. 紫色	紫色
2	叶鞘色	1. 白色　2. 绿色　3. 紫色	紫色
3	幼苗叶色	1. 绿色　2. 红色　3. 紫色	绿色
4	幼苗生长习性	1. 直立　2. 中间　3. 匍匐	直立
5	茎秆颜色	1. 绿色　2. 浅红色　3. 红色　4. 紫红色　5. 紫色	绿色
6	茎部蜡粉	1. 无　2. 有	有
7	柱头色	1. 白色　2. 黄色　3. 浅紫色　4. 紫红色　5. 紫色	紫色
8	花药色	1. 白色　2. 黄色　3. 浅紫色　4. 紫红色　5. 紫色	黄色
9	苞状鞘颜色	1. 绿色　2. 浅红色　3. 红色　4. 紫红色　5. 紫色	绿色
10	幼果颜色	1. 绿色　2. 浅红色　3. 红色　4. 紫红色　5. 紫色	紫色
11	总苞颜色 （果壳色）	1. 白色　2. 黄白色　3. 黄色　4. 灰色　5. 棕色　6. 深棕色　7. 蓝色　8. 褐色　9. 深褐色　10. 黑色	棕色
12	总苞形状	1. 卵圆形　2. 近圆柱形　3. 椭圆形　4. 近圆形	卵圆形
13	总苞质地	1. 珐琅质　2. 甲壳质	珐琅质
14	种仁色	1. 白色　2. 浅黄色　3. 棕色　4. 红色	—
15	熟性	1. 特早熟　2. 早熟　3. 中熟　4. 晚熟　5. 特晚熟	特晚熟
16	胚乳类型	1. 粳性　2. 糯性	粳性

142. 南丰薏米

植物学分类：薏苡（变种）*C. lacryma-jobi* var. *lacryma-jobi*
种质资源库编号：无
资源类型：野生品种
来源：海南省
用途：籽粒可做串珠等工艺品，茎叶可做青贮饲料。
特征特性：在贵州兴义种植，生育期 180～190 d，特晚熟，晚播则不能正常结实；根系发达，分蘖性和再生性强，植株高大，茎秆粗壮且叶片宽大，株高 3～4 m；苗期芽鞘和叶鞘均为紫色，幼苗叶片绿色；开花期柱头紫色，幼果和苞状鞘紫红色，花药黄色，茎秆绿色具白色蜡粉；成熟期总苞灰色、珐琅质地、卵圆形，表面具光泽，无喙。

形态测试特征

序号	性状	状态描述	测量值
1	芽鞘色	1. 浅黄色 2. 绿色 3. 紫色	紫色
2	叶鞘色	1. 白色 2. 绿色 3. 紫色	紫色
3	幼苗叶色	1. 绿色 2. 红色 3. 紫色	绿色
4	幼苗生长习性	1. 直立 2. 中间 3. 匍匐	中间
5	茎秆颜色	1. 绿色 2. 浅红色 3. 红色 4. 紫红色 5. 紫色	绿色
6	茎部蜡粉	1. 无 2. 有	有
7	柱头色	1. 白色 2. 黄色 3. 浅紫色 4. 紫红色 5. 紫色	紫色
8	花药色	1. 白色 2. 黄色 3. 浅紫色 4. 紫红色 5. 紫色	黄色
9	苞状鞘颜色	1. 绿色 2. 浅红色 3. 红色 4. 紫红色 5. 紫色	紫红色
10	幼果颜色	1. 绿色 2. 浅红色 3. 红色 4. 紫红色 5. 紫色	紫红色
11	总苞颜色 （果壳色）	1. 白色 2. 黄白色 3. 黄色 4. 灰色 5. 棕色 6. 深棕色 7. 蓝色 8. 褐色 9. 深褐色 10. 黑色	灰色
12	总苞形状	1. 卵圆形 2. 近圆柱形 3. 椭圆形 4. 近圆形	卵圆形
13	总苞质地	1. 珐琅质 2. 甲壳质	珐琅质
14	种仁色	1. 白色 2. 浅黄色 3. 棕色 4. 红色	棕色
15	熟性	1. 特早熟 2. 早熟 3. 中熟 4. 晚熟 5. 特晚熟	特晚熟
16	胚乳类型	1. 粳性 2. 糯性	粳性

中国薏苡属分类及
种质资源图鉴　　The Taxonomy and Illustrated Germplasm Resources of
Job's Tears (*Coix* L.) in China　　318

143. 南林薏米

植物学分类：薏苡（变种）*C. lacryma-jobi var. lacryma-jobi*

种质资源库编号：无

资源类型：野生资源

来源：海南省

用途：籽粒可做串珠等工艺品，茎叶可做青贮饲料。

特征特性：在贵州兴义种植，生育期 190 d 左右，特晚熟，晚播则不能正常结实；根系发达，分蘖性和再生性强，植株高大，茎秆粗壮且叶片宽大，株高 3～4 m；苗期芽鞘和叶鞘均为紫色，幼苗叶片绿色；开花期柱头紫色，花药黄色，幼果和苞状鞘均为绿色，茎秆绿色具白色蜡粉；成熟期总苞灰色或棕色、珐琅质地、卵圆形，表面具光泽，无喙。

形态测试特征

序号	性状	状态描述	测量值
1	芽鞘色	1. 浅黄色 2. 绿色 3. 紫色	紫色
2	叶鞘色	1. 白色 2. 绿色 3. 紫色	紫色
3	幼苗叶色	1. 绿色 2. 红色 3. 紫色	绿色
4	幼苗生长习性	1. 直立 2. 中间 3. 匍匐	中间
5	茎秆颜色	1. 绿色 2. 浅红色 3. 红色 4. 紫红色 5. 紫色	绿色
6	茎部蜡粉	1. 无 2. 有	有
7	柱头色	1. 白色 2. 黄色 3. 浅紫色 4. 紫红色 5. 紫色	紫色
8	花药色	1. 白色 2. 黄色 3. 浅紫色 4. 紫红色 5. 紫色	黄色
9	苞状鞘颜色	1. 绿色 2. 浅红色 3. 红色 4. 紫红色 5. 紫色	绿色
10	幼果颜色	1. 绿色 2. 浅红色 3. 红色 4. 紫红色 5. 紫色	绿色
11	总苞颜色（果壳色）	1. 白色 2. 黄白色 3. 黄色 4. 灰色 5. 棕色 6. 深棕色 7. 蓝色 8. 褐色 9. 深褐色 10. 黑色	棕色
12	总苞形状	1. 卵圆形 2. 近圆柱形 3. 椭圆形 4. 近圆形	卵圆形
13	总苞质地	1. 珐琅质 2. 甲壳质	珐琅质
14	种仁色	1. 白色 2. 浅黄色 3. 棕色 4. 红色	棕色
15	熟性	1. 特早熟 2. 早熟 3. 中熟 4. 晚熟 5. 特晚熟	特晚熟
16	胚乳类型	1. 粳性 2. 糯性	粳性

144. 三亚薏米

植物学分类： 薏苡（变种）*C. lacryma-jobi* var. *lacryma-jobi*

种质资源库编号： 无

资源类型： 野生资源

来源： 海南省

用途： 籽粒可做串珠等工艺品，茎叶可做青贮饲料。

特征特性： 在贵州兴义种植，生育期 185 d 左右，特晚熟，晚播则不能正常结实；根系发达，分蘖性和再生性强，植株高大，茎秆粗壮且叶片宽大，株高 3.5 m 左右；苗期芽鞘和叶鞘均为紫色，幼苗叶片绿色；开花期柱头紫色，花药黄色，幼果和苞状鞘均为绿色，茎秆浅红色具白色蜡粉；成熟期总苞灰色、珐琅质地、卵圆形，表面具光泽，无喙。

形态测试特征

序号	性状	状态描述	测量值
1	芽鞘色	1.浅黄色　2.绿色　3.紫色	紫色
2	叶鞘色	1.白色　2.绿色　3.紫色	紫色
3	幼苗叶色	1.绿色　2.红色　3.紫色	绿色
4	幼苗生长习性	1.直立　2.中间　3.匍匐	直立
5	茎秆颜色	1.绿色　2.浅红色　3.红色　4.紫红色　5.紫色	浅红色
6	茎部蜡粉	1.无　2.有	有
7	柱头色	1.白色　2.黄色　3.浅紫色　4.紫红色　5.紫色	紫色
8	花药色	1.白色　2.黄色　3.浅紫色　4.紫红色　5.紫色	黄色
9	苞状鞘颜色	1.绿色　2.浅红色　3.红色　4.紫红色　5.紫色	绿色
10	幼果颜色	1.绿色　2.浅红色　3.红色　4.紫红色　5.紫色	绿色
11	总苞颜色（果壳色）	1.白色　2.黄白色　3.黄色　4.灰色　5.棕色　6.深棕色　7.蓝色　8.褐色　9.深褐色　10.黑色	灰色
12	总苞形状	1.卵圆形　2.近圆柱形　3.椭圆形　4.近圆形	卵圆形
13	总苞质地	1.珐琅质　2.甲壳质	珐琅质
14	种仁色	1.白色　2.浅黄色　3.棕色　4.红色	—
15	熟性	1.特早熟　2.早熟　3.中熟　4.晚熟　5.特晚熟	特晚熟
16	胚乳类型	1.粳性　2.糯性	粳性

中国薏苡属分类及
种质资源图鉴　｜　The Taxonomy and Illustrated Germplasm Resources of
Job's Tears (*Coix* L.) in China　　322

145. 定安薏米

植物学分类： 薏苡（变种）*C. lacryma-jobi var. lacryma-jobi*
种质资源库编号： 无
资源类型： 野生资源
来源： 海南省
用途： 籽粒可做串珠等工艺品，茎叶可做青贮饲料。
特征特性： 在贵州兴义种植，生育期 185 ~ 190 d，特晚熟，晚播则不能正常结实；根系发达，分蘖性和再生性强，植株高大，茎秆粗壮且叶片宽大，株高 3.5 ~ 4 m；苗期芽鞘和叶鞘均为紫色，幼苗叶片绿色；开花期柱头紫色，花药黄色，幼果和苞状鞘均为绿色，茎秆绿色具白色蜡粉；成熟期总苞深褐色或黑色、珐琅质地、卵圆形，表面具光泽，无喙。

形态测试特征

序号	性状	状态描述	测量值
1	芽鞘色	1. 浅黄色　2. 绿色　3. 紫色	紫色
2	叶鞘色	1. 白色　2. 绿色　3. 紫色	紫色
3	幼苗叶色	1. 绿色　2. 红色　3. 紫色	绿色
4	幼苗生长习性	1. 直立　2. 中间　3. 匍匐	中间
5	茎秆颜色	1. 绿色　2. 浅红色　3. 红色　4. 紫红色　5. 紫色	绿色
6	茎部蜡粉	1. 无　2. 有	有
7	柱头色	1. 白色　2. 黄色　3. 浅紫色　4. 紫红色　5. 紫色	紫色
8	花药色	1. 白色　2. 黄色　3. 浅紫色　4. 紫红色　5. 紫色	黄色
9	苞状鞘颜色	1. 绿色　2. 浅红色　3. 红色　4. 紫红色　5. 紫色	绿色
10	幼果颜色	1. 绿色　2. 浅红色　3. 红色　4. 紫红色　5. 紫色	绿色
11	总苞颜色 （果壳色）	1. 白色　2. 黄白色　3. 黄色　4. 灰色　5. 棕色　6. 深棕色 7. 蓝色　8. 褐色　9. 深褐色　10. 黑色	黑色
12	总苞形状	1. 卵圆形　2. 近圆柱形　3. 椭圆形　4. 近圆形	卵圆形
13	总苞质地	1. 珐琅质　2. 甲壳质	珐琅质
14	种仁色	1. 白色　2. 浅黄色　3. 棕色　4. 红色	棕色
15	熟性	1. 特早熟　2. 早熟　3. 中熟　4. 晚熟　5. 特晚熟	特晚熟
16	胚乳类型	1. 粳性　2. 糯性	粳性

中国薏苡属分类及
种质资源图鉴　　The Taxonomy and Illustrated Germplasm Resources of
Job's Tears (*Coix* L.) in China　　324

146. 头佑薏苡

植物学分类：薏苡（变种）*C. lacryma-jobi var. lacryma-jobi*

种质资源库编号：无

资源类型：野生资源

来源：海南省

用途：籽粒可做串珠等工艺品，茎叶可做青贮饲料。

特征特性：在贵州兴义种植，生育期 190 d 左右，特晚熟，晚播则不能正常结实；根系发达，分蘖性和再生性强，植株高大，茎秆粗壮且叶片宽大，株高约 3.5 m；苗期芽鞘和叶鞘均为紫色，幼苗叶片绿色；开花期柱头、幼果和苞状鞘均为紫色，花药黄色，雄穗紫红色，茎秆紫色且具白色蜡粉；成熟期总苞灰色至棕色、珐琅质地、卵圆形，表面具光泽，无喙。

形态测试特征

序号	性状	状态描述	测量值
1	芽鞘色	1. 浅黄色　2. 绿色　3. 紫色	紫色
2	叶鞘色	1. 白色　2. 绿色　3. 紫色	紫色
3	幼苗叶色	1. 绿色　2. 红色　3. 紫色	绿色
4	幼苗生长习性	1. 直立　2. 中间　3. 匍匐	直立
5	茎秆颜色	1. 绿色　2. 浅红色　3. 红色　4. 紫红色　5. 紫色	紫色
6	茎部蜡粉	1. 无　2. 有	有
7	柱头色	1. 白色　2. 黄色　3. 浅紫色　4. 紫红色　5. 紫色	紫色
8	花药色	1. 白色　2. 黄色　3. 浅紫色　4. 紫红色　5. 紫色	黄色
9	苞状鞘颜色	1. 绿色　2. 浅红色　3. 红色　4. 紫红色　5. 紫色	紫色
10	幼果颜色	1. 绿色　2. 浅红色　3. 红色　4. 紫红色　5. 紫色	紫色
11	总苞颜色（果壳色）	1. 白色　2. 黄白色　3. 黄色　4. 灰色　5. 棕色　6. 深棕色　7. 蓝色　8. 褐色　9. 深褐色　10. 黑色	灰色至棕色
12	总苞形状	1. 卵圆形　2. 近圆柱形　3. 椭圆形　4. 近圆形	卵圆形
13	总苞质地	1. 珐琅质　2. 甲壳质	珐琅质
14	种仁色	1. 白色　2. 浅黄色　3. 棕色　4. 红色	浅黄色
15	熟性	1. 特早熟　2. 早熟　3. 中熟　4. 晚熟　5. 特晚熟	特晚熟
16	胚乳类型	1. 粳性　2. 糯性	粳性

147. 海头薏苡

植物学分类： 薏苡（变种）*C. lacryma-jobi* var. *lacryma-jobi*

种质资源库编号： 无

资源类型： 野生资源

来源： 海南省

用途： 籽粒可做串珠等工艺品，茎叶可做青贮饲料。

特征特性： 在贵州兴义种植，生育期 190 d 左右，特晚熟，晚播则不能正常结实；根系发达，分蘖性和再生性强，植株高大，茎秆粗壮且叶片宽大，株高约 3.5 m；苗期芽鞘和叶鞘均为紫色，幼苗叶片绿色；开花期柱头、幼果和苞状鞘均为紫色，花药黄色，茎秆绿色且具白色蜡粉；成熟期总苞褐色或深褐色、珐琅质地、卵圆形，表面具光泽，无喙。

形态测试特征

序号	性状	状态描述	测量值
1	芽鞘色	1. 浅黄色　2. 绿色　3. 紫色	紫色
2	叶鞘色	1. 白色　2. 绿色　3. 紫色	紫色
3	幼苗叶色	1. 绿色　2. 红色　3. 紫色	绿色
4	幼苗生长习性	1. 直立　2. 中间　3. 匍匐	直立
5	茎秆颜色	1. 绿色　2. 浅红色　3. 红色　4. 紫红色　5. 紫色	绿色
6	茎部蜡粉	1. 无　2. 有	有
7	柱头色	1. 白色　2. 黄色　3. 浅紫色　4. 紫红色　5. 紫色	紫色
8	花药色	1. 白色　2. 黄色　3. 浅紫色　4. 紫红色　5. 紫色	黄色
9	苞状鞘颜色	1. 绿色　2. 浅红色　3. 红色　4. 紫红色　5. 紫色	紫色
10	幼果颜色	1. 绿色　2. 浅红色　3. 红色　4. 紫红色　5. 紫色	绿色
11	总苞颜色（果壳色）	1. 白色　2. 黄白色　3. 黄色　4. 灰色　5. 棕色　6. 深棕色　7. 蓝色　8. 褐色　9. 深褐色　10. 黑色	深褐色
12	总苞形状	1. 卵圆形　2. 近圆柱形　3. 椭圆形　4. 近圆形	卵圆形
13	总苞质地	1. 珐琅质　2. 甲壳质	珐琅质
14	种仁色	1. 白色　2. 浅黄色　3. 棕色　4. 红色	棕色
15	熟性	1. 特早熟　2. 早熟　3. 中熟　4. 晚熟　5. 特晚熟	特晚熟
16	胚乳类型	1. 粳性　2. 糯性	粳性

5mm

148. 兰洋薏苡

植物学分类： 薏苡（变种）*C. lacryma-jobi* var. *lacryma-jobi*

种质资源库编号： 无

资源类型： 野生资源

来源： 海南省

用途： 籽粒可做串珠等工艺品，茎叶可做青贮饲料。

特征特性： 在贵州兴义种植，生育期约 180 d，晚熟或特晚熟，晚播则不能正常结实；根系发达，分蘖性和再生性强，植株高大，茎秆粗壮且叶片宽大，株高 3 ~ 4 m；苗期芽鞘和叶鞘均为紫色，幼苗叶片绿色；开花期柱头、幼果和苞状鞘均为紫色，花药黄色，茎秆绿色且具白色蜡粉；成熟期总苞灰色至棕色、珐琅质地、卵圆形，表面具光泽，无喙。

形态测试特征

序号	性状	状态描述	测量值
1	芽鞘色	1. 浅黄色　2. 绿色　3. 紫色	紫色
2	叶鞘色	1. 白色　2. 绿色　3. 紫色	紫色
3	幼苗叶色	1. 绿色　2. 红色　3. 紫色	绿色
4	幼苗生长习性	1. 直立　2. 中间　3. 匍匐	直立
5	茎秆颜色	1. 绿色　2. 浅红色　3. 红色　4. 紫红色　5. 紫色	绿色
6	茎部蜡粉	1. 无　2. 有	有
7	柱头色	1. 白色　2. 黄色　3. 浅紫色　4. 紫红色　5. 紫色	紫色
8	花药色	1. 白色　2. 黄色　3. 浅紫色　4. 紫红色　5. 紫色	黄色
9	苞状鞘颜色	1. 绿色　2. 浅红色　3. 红色　4. 紫红色　5. 紫色	紫色
10	幼果颜色	1. 绿色　2. 浅红色　3. 红色　4. 紫红色　5. 紫色	紫色
11	总苞颜色（果壳色）	1. 白色　2. 黄白色　3. 黄色　4. 灰色　5. 棕色　6. 深棕色　7. 蓝色　8. 褐色　9. 深褐色　10. 黑色	灰色至棕色
12	总苞形状	1. 卵圆形　2. 近圆柱形　3. 椭圆形　4. 近圆形	卵圆形
13	总苞质地	1. 珐琅质　2. 甲壳质	珐琅质
14	种仁色	1. 白色　2. 浅黄色　3. 棕色　4. 红色	红色
15	熟性	1. 特早熟　2. 早熟　3. 中熟　4. 晚熟　5. 特晚熟	晚熟
16	胚乳类型	1. 粳性　2. 糯性	粳性

中国薏苡属
分类及种质
资源图鉴

The Taxonomy and
Illustrated Germplasm
Resources of Job's Tears
(*Coix* L.) in China

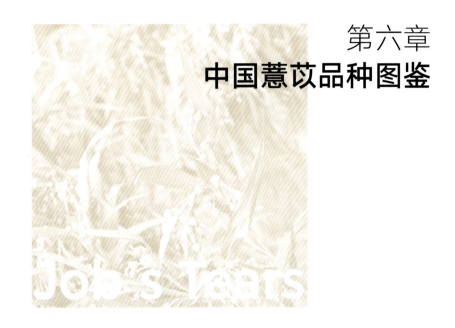

第六章
中国薏苡品种图鉴

1. 冀薏 1 号

植物学分类： 薏米（变种）*C. chinensis* var. *chinensis* Tod.

种质资源库编号： 无

审定编号： 20152920

资源类型： 选育品种

品种来源： 由河北省农林科学院谷子研究所以保定地方薏苡品种为材料经系统选育而成。

用途： 粒用，种仁食用或作为药材、保健品等的原料。

特征特性： 在贵州兴义种植，株型直立，特早熟；平均株高 1.84 m，单株分蘖数平均 5.1 个，叶长 10 ~ 30 cm，宽 2 ~ 4 cm，叶鞘光滑，叶舌质硬，长约 1 mm；苗期芽鞘、叶鞘和幼苗叶片均为紫色；开花期柱头紫色，苞状鞘和茎秆紫红色，花药黄色；成熟期总苞褐色或深褐色、甲壳质地、卵圆形，具喙和纵长条纹，粒长 0.5 ~ 0.8 cm，粒宽 0.3 ~ 0.6 cm，平均百粒重 8.52 g。

品质特征： 种仁蛋白质含量 17.2%，粗脂肪含量 6.8%。

产量及抗病虫特性： 抗倒性、抗旱性、耐涝性和抗黑穗病较强，适合在河北秦皇岛、唐山以南地区春播种植，同时也可在毗邻的山东、河南北部春播种植。

形态测试特征

序号	性状	状态描述	测量值
1	芽鞘色	1. 浅黄色 2. 绿色 3. 紫色	紫色
2	叶鞘色	1. 白色 2. 绿色 3. 紫色	紫色
3	幼苗叶色	1. 绿色 2. 红色 3. 紫色	紫色
4	幼苗生长习性	1. 直立 2. 中间 3. 匍匐	直立
5	茎秆颜色	1. 绿色 2. 浅红色 3. 红色 4. 紫红色 5. 紫色	紫红色
6	茎部蜡粉	1. 无 2. 有	有
7	柱头色	1. 白色 2. 黄色 3. 浅紫色 4. 紫红色 5. 紫色	紫色
8	花药色	1. 白色 2. 黄色 3. 浅紫色 4. 紫红色 5. 紫色	黄色
9	苞状鞘颜色	1. 绿色 2. 浅红色 3. 红色 4. 紫红色 5. 紫色	紫红色
10	幼果颜色	1. 绿色 2. 浅红色 3. 红色 4. 紫红色 5. 紫色	紫色
11	总苞颜色（果壳色）	1. 白色 2. 黄白色 3. 黄色 4. 灰色 5. 棕色 6. 深棕色 7. 蓝色 8. 褐色 9. 深褐色 10. 黑色	深褐色
12	总苞形状	1. 卵圆形 2. 近圆柱形 3. 椭圆形 4. 近圆形	卵圆形
13	总苞质地	1. 珐琅质 2. 甲壳质	甲壳质
14	种仁色	1. 白色 2. 浅黄色 3. 棕色 4. 红色	红色
15	熟性	1. 特早熟 2. 早熟 3. 中熟 4. 晚熟 5. 特晚熟	特早熟
16	胚乳类型	1. 粳性 2. 糯性	糯性

2. 黔薏苡 1 号

植物学分类：薏米（变种）*C. chinensis* var. *chinensis* Tod.

种质资源库编号：ZI000402

审定编号：国粮豆鉴字第 2010023 号

资源类型：选育品种

品种来源：由贵州大学农业生物实验教学中心以薏苡地方农家种中优良变异株为材料经系统选育而成。

用途：粒用，种仁食用或作为药材、保健品等的原料。

特征特性：在贵州兴义种植，生育期约 147 d，中熟；株型紧凑，植株高大，株高 218.4 cm，主茎节数 14 节；苗期芽鞘、叶鞘和幼苗叶片均为紫色；开花期柱头紫色，幼果、茎秆和苞状鞘均为紫红色，花药黄色；成熟期总苞黑色、甲壳质地、卵圆形，具喙和纵长条纹，百粒重 10.98 g；种仁浅黄色，胚乳糯性。

品质特征：种仁总淀粉含量 57.82%，粗脂肪含量 7.87%，粗蛋白含量 18.92%，总氨基酸含量 19.07%。

产量及抗病虫特性：2006—2008 年参加国家薏苡品种区域试验，平均产量为 3 360.4 kg/hm²；在 2008 年的生产试验中，平均产量为 3 390.0 kg/hm²，较当地主栽品种平均增产 20.2%。适合在贵州黔西南、安顺、毕节和云南文山、曲靖、宣威以及广西适宜地区推广种植。对黑穗病和白叶枯病表现为中等抗性，抗虫性较好。

形态测试特征

序号	性状	状态描述	测量值
1	芽鞘色	1. 浅黄色 2. 绿色 3. 紫色	紫色
2	叶鞘色	1. 白色 2. 绿色 3. 紫色	紫色
3	幼苗叶色	1. 绿色 2. 红色 3. 紫色	紫色
4	幼苗生长习性	1. 直立 2. 中间 3. 匍匐	直立
5	茎秆颜色	1. 绿色 2. 浅红色 3. 红色 4. 紫红色 5. 紫色	紫红色
6	茎部蜡粉	1. 无 2. 有	有
7	柱头色	1. 白色 2. 黄色 3. 浅紫色 4. 紫红色 5. 紫色	紫色
8	花药色	1. 白色 2. 黄色 3. 浅紫色 4. 紫红色 5. 紫色	黄色
9	苞状鞘颜色	1. 绿色 2. 浅红色 3. 红色 4. 紫红色 5. 紫色	紫红色
10	幼果颜色	1. 绿色 2. 浅红色 3. 红色 4. 紫红色 5. 紫色	紫红色
11	总苞颜色（果壳色）	1. 白色 2. 黄白色 3. 黄色 4. 灰色 5. 棕色 6. 深棕色 7. 蓝色 8. 褐色 9. 深褐色 10. 黑色	黑色
12	总苞形状	1. 卵圆形 2. 近圆柱形 3. 椭圆形 4. 近圆形	卵圆形
13	总苞质地	1. 珐琅质 2. 甲壳质	甲壳质
14	种仁色	1. 白色 2. 浅黄色 3. 棕色 4. 红色	浅黄色
15	熟性	1. 特早熟 2. 早熟 3. 中熟 4. 晚熟 5. 特晚熟	中熟
16	胚乳类型	1. 粳性 2. 糯性	糯性

5mm

3. 黔薏 2 号

植物学分类：薏米（变种）*C. chinensis* var. *chinensis* Tod.

种质资源库编号：ZI000403

审定编号：国粮豆鉴字第 2016003 号

资源类型：选育品种

品种来源：用晴隆碧痕薏苡（♀）× 普安糯薏苡（♂）杂交选育而成。

用途：粒用，种仁食用或作为药材、保健品等的原料。

特征特性：在贵州兴义种植，生育期约 149 d，中熟；单窝（株）分蘖数平均 3 ~ 5 个，株高 194.6 cm，主茎节数 14 节；苗期株型直立，芽鞘和叶鞘均为紫色，幼苗叶片绿色；开花期柱头紫红色，幼果、苞状鞘和茎秆均为绿色，花药黄色；成熟期总苞黄白色、甲壳质地、卵圆形，具喙和纵长条纹，百粒重 9.98 g；种仁浅黄色，胚乳糯性。

品质特征：种仁总淀粉含量 66.37%，直链淀粉含量 0%，支链淀粉含量 100%，粗脂肪含量 7.98%，粗蛋白含量 18.37%，氨基酸含量 17.75%。

产量及抗病虫特性：2012—2014 年参加国家薏苡品种区域试验，平均产量 3 518.7 kg/hm^2，比对照增产 8.20%。2015 年国家薏苡品种生产试验，较对照增产 5.8% ~ 10.93%，平均增产 8.64%。在贵州兴义、安顺，云南文山，广西百色，福建莆田等试点表现较好。对黑穗病、茎腐病和白叶枯病均表现为中等抗性，抗虫性较好。

形态测试特征

序号	性状	状态描述	测量值
1	芽鞘色	1. 浅黄色　2. 绿色　3. 紫色	紫色
2	叶鞘色	1. 白色　2. 绿色　3. 紫色	紫色
3	幼苗叶色	1. 绿色　2. 红色　3. 紫色	绿色
4	幼苗生长习性	1. 直立　2. 中间　3. 匍匐	直立
5	茎秆颜色	1. 绿色　2. 浅红色　3. 红色　4. 紫红色　5. 紫色	绿色
6	茎部蜡粉	1. 无　2. 有	有
7	柱头色	1. 白色　2. 黄色　3. 浅紫色　4. 紫红色　5. 紫色	紫红色
8	花药色	1. 白色　2. 黄色　3. 浅紫色　4. 紫红色　5. 紫色	黄色
9	苞状鞘颜色	1. 绿色　2. 浅红色　3. 红色　4. 紫红色　5. 紫色	绿色
10	幼果颜色	1. 绿色　2. 浅红色　3. 红色　4. 紫红色　5. 紫色	绿色
11	总苞颜色（果壳色）	1. 白色　2. 黄白色　3. 黄色　4. 灰色　5. 棕色　6. 深棕色　7. 蓝色　8. 褐色　9. 深褐色　10. 黑色	黄白色
12	总苞形状	1. 卵圆形　2. 近圆柱形　3. 椭圆形　4. 近圆形	卵圆形
13	总苞质地	1. 珐琅质　2. 甲壳质	甲壳质
14	种仁色	1. 白色　2. 浅黄色　3. 棕色　4. 红色	浅黄色
15	熟性	1. 特早熟　2. 早熟　3. 中熟　4. 晚熟　5. 特晚熟	中熟
16	胚乳类型	1. 粳性　2. 糯性	糯性

4. 安薏 1 号

植物学分类：薏米（变种）*C. chinensis* var. *chinensis* Tod.

种质资源库编号：无

审定编号：国品鉴杂 2015015

资源类型：选育品种

品种来源：由安顺新金秋科技股份有限公司和安顺市农业科学院以紫云县白壳薏苡为材料经系统选育而成。

用途：粒用，种仁食用或作为药材、保健品等的原料。

特征特性：在贵州兴义种植，生育期 142 ~ 151 d，中熟；长势和分蘖性强，株高 212.2 ~ 217.8 cm，主茎节数 14 ~ 15 节，叶长 42.1 cm，叶宽 2.9 cm；苗期芽鞘、叶鞘和幼苗片均为紫色；开花期柱头紫色，苞状鞘和茎秆均为紫红色，花药黄色；成熟期总苞黄白色、甲壳质地、卵圆形，具喙和纵长条纹；籽粒成熟度较为一致，单茎蘖粒数 153.3 ~ 251.7 粒，百粒重 10.25 ~ 10.61 g；种仁浅黄色，胚乳糯性。

品质特征：种仁总淀粉含量 66.34%，直链淀粉含量 0%，支链淀粉含量 100%，粗脂肪含量 8.13%，粗蛋白含量 18.14%，氨基酸含量 17.45%。

产量及抗病虫特性：2012—2014 年参加国家薏苡品种区域试验，平均单产 3 761.5 kg/hm^2，比对照增产 15.67%。2014 年生产试验中，平均产量 4 224.5 kg/hm^2，较对照增产 13.10%，适合在贵州安顺、凯里，福建莆田、福州，云南文山等推广种植。对黑穗病和白叶枯病均表现为中等抗性，抗虫性较好。

形态测试特征

序号	性状	状态描述	测量值
1	芽鞘色	1. 浅黄色　2. 绿色　3. 紫色	紫色
2	叶鞘色	1. 白色　2. 绿色　3. 紫色	紫色
3	幼苗叶色	1. 绿色　2. 红色　3. 紫色	紫色
4	幼苗生长习性	1. 直立　2. 中间　3. 匍匐	直立
5	茎秆颜色	1. 绿色　2. 浅红色　3. 红色　4. 紫红色　5. 紫色	紫红色
6	茎部蜡粉	1. 无　2. 有	有
7	柱头色	1. 白色　2. 黄色　3. 浅紫色　4. 紫红色　5. 紫色	紫色
8	花药色	1. 白色　2. 黄色　3. 浅紫色　4. 紫红色　5. 紫色	黄色
9	苞状鞘颜色	1. 绿色　2. 浅红色　3. 红色　4. 紫红色　5. 紫色	紫红色
10	幼果颜色	1. 绿色　2. 浅红色　3. 红色　4. 紫红色　5. 紫色	紫红色
11	总苞颜色（果壳色）	1. 白色　2. 黄白色　3. 黄色　4. 灰色　5. 棕色　6. 深棕色　7. 蓝色　8. 褐色　9. 深褐色　10. 黑色	黄白色
12	总苞形状	1. 卵圆形　2. 近圆柱形　3. 椭圆形　4. 近圆形	卵圆形
13	总苞质地	1. 珐琅质　2. 甲壳质	甲壳质
14	种仁色	1. 白色　2. 浅黄色　3. 棕色　4. 红色	浅黄色
15	熟性	1. 特早熟　2. 早熟　3. 中熟　4. 晚熟　5. 特晚熟	中熟
16	胚乳类型	1. 粳性　2. 糯性	糯性

5. 师薏 1 号

植物学分类： 薏米（变种）*C. chinensis* var. *chinensis* Tod.

种质资源库编号： ZI000388

审定编号： 20152920

资源类型： 选育品种

品种来源： 由云南省师宗县农业局中药材工作站经系统选育而成。

用途： 粒用，种仁食用或作为药材、保健品等的原料。

特征特性： 在贵州兴义种植，生育期约 164 d，中熟或晚熟；株高约 190 cm，单窝（株）分蘖数平均 5.2 个，茎粗 8.0 mm；苗期芽鞘、叶鞘和幼苗叶片均为紫色；开花期柱头紫色，幼果、苞状鞘和茎秆均为紫红色，花药黄色；成熟期总苞褐色、甲壳质地、卵圆形，具喙和纵长条纹；平均单茎蘖粒数 85.8 粒，结实率 82.2%，百粒重 10.70 g；种仁浅黄色，胚乳糯性。

品质特征： 籽粒蛋白质含量约 10.9%，脂肪含量约 3.6%，碳水化合物含量约 61.2%。

产量及抗病虫特性： 具有高产、综合性状好、抗逆性强、适应性广等特点，在海拔 800 m 地区单产 4 740 kg/hm^2，在海拔 1 200 m 地区单产 5 040 kg/hm^2，在海拔 1 600 m 地区单产 4 650 kg/hm^2；适合在云南师宗、富源等地区推广种植。对黑穗病、茎腐病和白叶枯病均表现为中等抗性，抗虫性较好。

形态测试特征

序号	性状	状态描述	测量值
1	芽鞘色	1. 浅黄色 2. 绿色 3. 紫色	紫色
2	叶鞘色	1. 白色 2. 绿色 3. 紫色	紫色
3	幼苗叶色	1. 绿色 2. 红色 3. 紫色	紫色
4	幼苗生长习性	1. 直立 2. 中间 3. 匍匐	直立
5	茎秆颜色	1. 绿色 2. 浅红色 3. 红色 4. 紫红色 5. 紫色	紫红色
6	茎部蜡粉	1. 无 2. 有	有
7	柱头色	1. 白色 2. 黄色 3. 浅紫色 4. 紫红色 5. 紫色	紫色
8	花药色	1. 白色 2. 黄色 3. 浅紫色 4. 紫红色 5. 紫色	黄色
9	苞状鞘颜色	1. 绿色 2. 浅红色 3. 红色 4. 紫红色 5. 紫色	紫红色
10	幼果颜色	1. 绿色 2. 浅红色 3. 红色 4. 紫红色 5. 紫色	紫红色
11	总苞颜色（果壳色）	1. 白色 2. 黄白色 3. 黄色 4. 灰色 5. 棕色 6. 深棕色 7. 蓝色 8. 褐色 9. 深褐色 10. 黑色	褐色
12	总苞形状	1. 卵圆形 2. 近圆柱形 3. 椭圆形 4. 近圆形	卵圆形
13	总苞质地	1. 珐琅质 2. 甲壳质	甲壳质
14	种仁色	1. 白色 2. 浅黄色 3. 棕色 4. 红色	浅黄色
15	熟性	1. 特早熟 2. 早熟 3. 中熟 4. 晚熟 5. 特晚熟	中熟
16	胚乳类型	1. 粳性 2. 糯性	糯性

6. 薏珠 1 号

植物学分类： 薏米（变种）*C. chinensis* var. *chinensis* Tod.

种质资源库编号： 无

认定编号： 黔认 20210016

资源类型： 选育品种

品种来源： 由贵州黔西南喀斯特区域发展研究院以地方资源锦屏薏苡为材料经系统选育而成。

用途： 粒用，种仁食用或作为药材、保健品等的原料。

特征特性： 在贵州兴义种植，根系发达，生育期 151 ~ 158 d，中熟或晚熟；单株分蘖数 3 ~ 5 个，平均株高 220 ~ 223 cm，主茎节数 14 节；苗期株型直立，芽鞘和叶鞘均为紫色，幼苗叶片绿色；开花时柱头紫色，花药黄色；灌浆期果实绿色；成熟期总苞黄白色、甲壳质地、卵圆或椭圆形，百粒重 9.68 ~ 9.80 g；种仁浅黄色，胚乳糯性。

品质特征： 种仁总淀粉含量 69.20%，直链淀粉含量 2.50%，支链淀粉含量 97.50%，粗蛋白含量 17.20%，粗脂肪含量 8.00%，总氨基酸含量 16.44%。

产量及抗病虫特性： 2018—2019 年，共试验 10 点次，2 年共 8 点次增产，2 点次减产，增产点次占 80%；2 年平均产量 2 898.15 kg/hm²；对黑穗病、白叶枯病均表现为中等抗性，适合在贵州贵阳、锦屏、兴义、兴仁、晴隆、安顺、普安等地区春播种植。

形态测试特征

序号	性状	状态描述	测量值
1	芽鞘色	1. 浅黄色　2. 绿色　3. 紫色	紫色
2	叶鞘色	1. 白色　2. 绿色　3. 紫色	紫色
3	幼苗叶色	1. 绿色　2. 红色　3. 紫色	绿色
4	幼苗生长习性	1. 直立　2. 中间　3. 匍匐	直立
5	茎秆颜色	1. 绿色　2. 浅红色　3. 红色　4. 紫红色　5. 紫色	绿色
6	茎部蜡粉	1. 无　2. 有	有
7	柱头色	1. 白色　2. 黄色　3. 浅紫色　4. 紫红色　5. 紫色	紫色
8	花药色	1. 白色　2. 黄色　3. 浅紫色　4. 紫红色　5. 紫色	黄色
9	苞状鞘颜色	1. 绿色　2. 浅红色　3. 红色　4. 紫红色　5. 紫色	绿色
10	幼果颜色	1. 绿色　2. 浅红色　3. 红色　4. 紫红色　5. 紫色	绿色
11	总苞颜色（果壳色）	1. 白色　2. 黄白色　3. 黄色　4. 灰色　5. 棕色　6. 深棕色　7. 蓝色　8. 褐色　9. 深褐色　10. 黑色	黄白色
12	总苞形状	1. 卵圆形　2. 近圆柱形　3. 椭圆形　4. 近圆形	卵圆形
13	总苞质地	1. 珐琅质　2. 甲壳质	甲壳质
14	种仁色	1. 白色　2. 浅黄色　3. 棕色　4. 红色	浅黄色
15	熟性	1. 特早熟　2. 早熟　3. 中熟　4. 晚熟　5. 特晚熟	中熟
16	胚乳类型	1. 粳性　2. 糯性	糯性

7. 薏珠 4 号

植物学分类： 薏米（变种）*C. chinensis* var. *chinensis* Tod.

种质资源库编号： 无

认定编号： 黔认 20210017

资源类型： 选育品种

品种来源： 由贵州黔西南喀斯特研究院以晴隆薏苡为材料经系统选育而成。

用途： 粒用，种仁食用或作为药材、保健品等的原料。

特征特性： 在贵州兴义种植，根系发达，生育期 150 d 左右，中熟或晚熟；平均株高 227.1 cm，着粒层 179.5 cm，主茎粗 11.1 cm，分枝节位为第 3.8 节，单窝（株）分蘖数平均 6.0 个；苗期株型直立，芽鞘和叶鞘均为紫色，幼苗叶片绿色；开花时柱头紫色，花药黄色；灌浆期果实绿色；成熟期总苞黄白色、甲壳质地、卵圆形，具喙和纵长条纹，百粒重平均 9.77 g；种仁浅黄色，胚乳糯性。

品质特征： 种仁总淀粉含量 66.00%，直链淀粉含量 0.95%，支链淀粉含量 99.05%，粗蛋白含量 17.51%，粗脂肪含量 7.63%，氨基酸含量 17.15%。

产量及抗病虫特性： 2018—2019 年，共试验 10 点次，2 年共 8 点次增产，增产点次占 80%；2 年平均产量 3 002.1 kg/hm²；对黑穗病、白叶枯病均表现为中等抗性，适合在贵州贵阳、晴隆、兴义、兴仁、安顺、普安、遵义等地区春播种植。

形态测试特征

序号	性状	状态描述	测量值
1	芽鞘色	1. 浅黄色 2. 绿色 3. 紫色	紫色
2	叶鞘色	1. 白色 2. 绿色 3. 紫色	紫色
3	幼苗叶色	1. 绿色 2. 红色 3. 紫色	绿色
4	幼苗生长习性	1. 直立 2. 中间 3. 匍匐	直立
5	茎秆颜色	1. 绿色 2. 浅红色 3. 红色 4. 紫红色 5. 紫色	绿色
6	茎部蜡粉	1. 无 2. 有	有
7	柱头色	1. 白色 2. 黄色 3. 浅紫色 4. 紫红色 5. 紫色	紫色
8	花药色	1. 白色 2. 黄色 3. 浅紫色 4. 紫红色 5. 紫色	黄色
9	苞状鞘颜色	1. 绿色 2. 浅红色 3. 红色 4. 紫红色 5. 紫色	绿色
10	幼果颜色	1. 绿色 2. 浅红色 3. 红色 4. 紫红色 5. 紫色	绿色
11	总苞颜色（果壳色）	1. 白色 2. 黄白色 3. 黄色 4. 灰色 5. 棕色 6. 深棕色 7. 蓝色 8. 褐色 9. 深褐色 10. 黑色	黄白色
12	总苞形状	1. 卵圆形 2. 近圆柱形 3. 椭圆形 4. 近圆形	卵圆形
13	总苞质地	1. 珐琅质 2. 甲壳质	甲壳质
14	种仁色	1. 白色 2. 浅黄色 3. 棕色 4. 红色	浅黄色
15	熟性	1. 特早熟 2. 早熟 3. 中熟 4. 晚熟 5. 特晚熟	中熟
16	胚乳类型	1. 粳性 2. 糯性	糯性

5mm

2 cm

8. 大黑山薏苡

植物学分类： 水生薏苡（种）*C. aquatica* Roxb.

种质资源库编号： 无

品种保护编号： 四川省草品种审定委员会（登记号 2016003）

资源类型： 选育品种

品种来源： 由四川农业大学玉米研究所，以云南省景洪市收集的一份野生薏苡的优异变异株为材料，经 8 代严格自交和选择，系谱选育而成的饲用型薏苡，于 2016 年通过四川省草品种审定委员会审定。

用途： 饲用，地上部茎叶用作青贮饲料。

特征特性： 在贵州兴义种植，根系发达，植株直立丛生，枝繁叶茂，营养生长尤其旺盛，晚熟或特晚熟，晚播则不结实；不刈割时株高 3~4 m，主茎粗 1.2~1.5 cm；叶长 30~50 cm，宽 3~4 cm；分蘖力强，条件适宜时，单株有效分蘖数达 64 个，每个分蘖 15~22 节；苗期芽鞘、叶鞘和幼苗叶片均为紫色，匍匐生长；开花期柱头、幼果均为紫色，花药黄色，茎秆红色具白色蜡粉；成熟期总苞棕色或褐色、珐琅质地、卵圆形，无纵长条纹和喙，百粒重 12.0~14.0 g。

品质特征： 适口性好，孕穗期全株粗蛋白含量 10.7%，适合饲喂牛、羊、兔等草食家畜及鱼。

产量及抗病虫特性： 耐湿性强，耐寒性好，可耐受短时间的 −5℃低温；抗病性、抗虫性好，整个生育期基本无须防治任何病虫害；较好栽培条件下，年可刈割 2 ~ 3 次，单产鲜草 150 t 以上，2014 年云南最高单产 234 t/hm^2；多年生，种植一次，可连续利用 3 年以上，已被引种到福建、贵州、广东、广西、湖南、云南和重庆等南方地区。

形态测试特征

序号	性状	状态描述	测量值
1	芽鞘色	1. 浅黄色　2. 绿色　3. 紫色	紫色
2	叶鞘色	1. 白色　2. 绿色　3. 紫色	紫色
3	幼苗叶色	1. 绿色　2. 红色　3. 紫色	紫色
4	幼苗生长习性	1. 直立　2. 中间　3. 匍匐	匍匐
5	茎秆颜色	1. 绿色　2. 浅红色　3. 红色　4. 紫红色　5. 紫色	红色
6	茎部蜡粉	1. 无　2. 有	有
7	柱头色	1. 白色　2. 黄色　3. 浅紫色　4. 紫红色　5. 紫色	紫色
8	花药色	1. 白色　2. 黄色　3. 浅紫色　4. 紫红色　5. 紫色	黄色
9	苞状鞘颜色	1. 绿色　2. 浅红色　3. 红色　4. 紫红色　5. 紫色	紫色
10	幼果颜色	1. 绿色　2. 浅红色　3. 红色　4. 紫红色　5. 紫色	紫色
11	总苞颜色（果壳色）	1. 白色　2. 黄白色　3. 黄色　4. 灰色　5. 棕色　6. 深棕色　7. 蓝色　8. 褐色　9. 深褐色　10. 黑色	棕色
12	总苞形状	1. 卵圆形　2. 近圆柱形　3. 椭圆形　4. 近圆形	卵圆形
13	总苞质地	1. 珐琅质　2. 甲壳质	珐琅质
14	种仁色	1. 白色　2. 浅黄色　3. 棕色　4. 红色	红色
15	熟性	1. 特早熟　2. 早熟　3. 中熟　4. 晚熟　5. 特晚熟	晚熟
16	胚乳类型	1. 粳性　2. 糯性	粳性

2 cm

附录

附录 I　中国薏苡地方资源目录

编号	名称	采集省份	类型
1	绿花川谷	中国北京	野生资源
2	昌平草珠子	中国北京	野生资源
3	临沂薏苡	中国山东	地方品种
4	济南薏米	中国山东	地方品种
5	济宁薏米	中国山东	地方品种
6	安国薏苡	中国河北	地方品种
7	承德薏苡	中国河北	地方品种
8	昌黎大薏米	中国河北	地方品种
9	台安农家种	中国辽宁	地方品种
10	义县农家种	中国辽宁	地方品种
11	南河村薏苡	中国辽宁	地方品种
12	吉林小黑壳	中国吉林	地方品种
13	平定五谷	中国山西	地方品种
14	太谷 2-4	中国山西	地方品种
15	店前薏苡	中国安徽	地方品种
16	江苏川谷	中国江苏	野生资源
17	贾汪薏苡	中国江苏	野生资源
18	铁玉黍	中国江苏	野生资源
19	灌云薏苡	中国江苏	野生资源
20	大丰薏米（六谷子）	中国江苏	地方品种
21	澧县圆粒薏苡	中国湖南	野生资源
22	澧县长粒薏苡	中国湖南	野生资源
23	隘上五谷	中国湖南	地方品种
24	慈利川谷	中国湖南	野生资源
25	白薏米	中国湖南	地方品种
26	黑薏米	中国湖南	地方品种
27	幸福野生薏苡	中国湖南	野生资源
28	尿珠子	中国湖南	野生资源
29	龙潭溪野生薏苡	中国湖南	野生资源
30	临湘土薏米	中国湖南	野生资源
31	农林野生薏苡	中国湖南	野生资源

编号	名称	采集省份	类型
32	车西野生薏苡	中国湖南	野生资源
33	石龙薏苡	中国湖南	野生资源
34	芭蕉山薏苡	中国湖南	野生资源
35	大和野生薏苡	中国湖南	野生资源
36	通山薏苡	中国湖北	野生资源
37	谷城薏苡-2	中国湖北	野生资源
38	红安薏苡	中国湖北	野生资源
39	黄梅薏苡-1	中国湖北	野生资源
40	广水薏苡-2	中国湖北	野生资源
41	停角籽	中国湖北	野生资源
42	赣南薏米	中国江西	地方品种
43	川紫薏苡	中国四川	地方品种
44	通江薏苡	中国四川	地方品种
45	仙薏1号	中国福建	地方品种
46	仙薏2号	中国福建	地方品种
47	浦城薏苡	中国福建	地方品种
48	宁化薏苡	中国福建	地方品种
49	浙江小粒	中国浙江	地方品种
50	浙江大粒	中国浙江	地方品种
51	上沙米仁	中国浙江	地方品种
52	缙云米仁	中国浙江	地方品种
53	台湾红薏苡	中国台湾	地方品种
54	嘎洒大粒野生薏苡	中国云南	野生资源
55	嘎洒野生薏苡	中国云南	野生资源
56	巴达野生薏苡	中国云南	野生资源
57	野生薏苡	中国云南	野生资源
58	象明薏苡	中国云南	野生资源
59	嘎洒野生薏苡2号	中国云南	野生资源
60	嘎洒野生薏苡3号	中国云南	野生资源
61	嘎洒野生薏苡4号	中国云南	野生资源
62	兰壳薏苡	中国云南	地方品种
63	佛鑫3号	中国云南	地方品种
64	巴达栽培薏苡	中国云南	地方品种

编号	名称	采集省份	类型
65	罗平薏苡	中国云南	地方品种
66	六谷	中国云南	地方品种
67	糯六谷	中国云南	地方品种
68	桥头六谷	中国云南	地方品种
69	铁六谷	中国云南	野生资源
70	数珠谷	中国云南	野生资源
71	饭六谷	中国云南	地方品种
72	糯六谷	中国云南	地方品种
73	旧腮六谷	中国云南	地方品种
74	花甲白六谷	中国云南	地方品种
75	花甲六谷	中国云南	地方品种
76	黑糯六谷	中国云南	地方品种
77	苡仁	中国贵州	地方品种
78	六合薏苡	中国贵州	野生资源
79	本地六谷	中国贵州	野生资源
80	本地六谷	中国贵州	野生资源
81	本地六谷	中国贵州	野生资源
82	六谷	中国贵州	地方品种
83	薏苡	中国贵州	地方品种
84	野生白薏苡	中国贵州	野生资源
85	野生薏苡	中国贵州	野生资源
86	野生念珠薏苡	中国贵州	野生资源
87	野生薏苡	中国贵州	野生资源
88	薏苡（薏11）	中国贵州	地方品种
89	薏苡（薏12）	中国贵州	地方品种
90	细长陆谷	中国贵州	野生资源
91	薏仁（薏13）	中国贵州	野生资源
92	陆谷（薏14）	中国贵州	地方品种
93	贞丰五谷	中国贵州	地方品种
94	贵州薏苡	中国贵州	地方品种
95	石英薏苡	中国贵州	地方品种
96	盘县五谷	中国贵州	地方品种
97	锦屏白薏米	中国贵州	地方品种

编号	名称	采集省份	类型
98	兴仁白壳	中国贵州	地方品种
99	新甲水生薏苡	中国广西	野生资源
100	尚宁水生薏苡	中国广西	野生资源
101	黎明薏苡	中国广西	野生资源
102	朔良薏苡	中国广西	野生资源
103	桥业野薏苡	中国广西	野生资源
104	平山五谷	中国广西	野生资源
105	福平薏苡	中国广西	野生资源
106	水源薏苡	中国广西	野生资源
107	大蒙薏苡	中国广西	野生资源
108	纳王川谷	中国广西	野生资源
109	常隆薏苡	中国广西	野生资源
110	渠坤薏苡	中国广西	野生资源
111	海湾薏米	中国广西	野生资源
112	全茗薏苡	中国广西	野生资源
113	龙英薏苡	中国广西	野生资源
114	福星薏苡	中国广西	野生资源
115	外盘薏苡	中国广西	野生资源
116	灵竹薏苡	中国广西	野生资源
117	大陵薏苡	中国广西	野生资源
118	新河薏米	中国广西	地方品种
119	育梧薏米	中国广西	地方品种
120	玲珑薏苡	中国广西	野生资源
121	龙门薏苡	中国广西	野生资源
122	大南薏苡	中国广西	野生资源
123	六香薏苡	中国广西	野生资源
124	高排岭薏苡	中国广西	野生资源
125	新安薏苡	中国广西	野生资源
126	福顺薏苡	中国广西	野生资源
127	咸水口薏苡	中国广西	野生资源
128	同安薏苡	中国广西	野生资源
129	兰溪野生薏苡	中国广东	野生资源
130	野薏苡	中国广东	野生资源

编号	名称	采集省份	类型
131	野薏米	中国广东	野生资源
132	野生薏仁	中国广东	野生资源
133	野生薏米	中国广东	野生资源
134	野生薏苡	中国广东	野生资源
135	野生薏米	中国广东	野生资源
136	野生薏苡	中国广东	野生资源
137	赤溪薏苡	中国广东	野生资源
138	野生薏苡	中国广东	野生资源
139	睦州薏苡	中国广东	地方品种
140	野生薏米	中国广东	野生资源
141	三江薏米	中国海南	野生资源
142	南丰薏米	中国海南	野生资源
143	南林薏米	中国海南	野生资源
144	三亚薏米	中国海南	野生资源
145	定安薏米	中国海南	野生资源
146	头佑薏苡	中国海南	野生资源
147	海头薏苡	中国海南	野生资源
148	兰洋薏苡	中国海南	野生资源

附录 II　中国薏苡品种目录

编号	名称	来源	类型	用途
1	冀薏 1 号	中国河北	选育品种	粒用
2	黔薏苡 1 号	中国贵州	选育品种	粒用
3	黔薏 2 号	中国贵州	选育品种	粒用
4	安薏 1 号	中国贵州	选育品种	粒用
5	师薏 1 号	中国云南	选育品种	粒用
6	薏珠 1 号	中国贵州	选育品种	粒用
7	薏珠 4 号	中国贵州	选育品种	粒用
8	大黑山薏苡	中国云南	选育品种	饲用